中国互联网站发展状况及网络安全报告（2021）

主办单位 中国互联网协会

合作单位 恒安嘉新（北京）科技股份公司
深圳市腾讯计算机系统有限公司
阿里云计算有限公司
网宿科技股份有限公司
天津市国瑞数码安全系统股份有限公司

河海大学出版社
HOHAI UNIVERSITY PRESS
·南京·

图书在版编目(CIP)数据

中国互联网站发展状况及网络安全报告. 2021 / 何桂立主编. -- 南京 : 河海大学出版社，2021.12

ISBN 978-7-5630-7251-4

Ⅰ. ①中… Ⅱ. ①何… Ⅲ. ①互联网络－网络安全－研究报告－中国－2021 Ⅳ. ①TP393.08

中国版本图书馆 CIP 数据核字(2021)第 246534 号

书　　名 中国互联网站发展状况及网络安全报告(2021)
书　　号 ISBN 978-7-5630-7251-4
责任编辑 龚　俊
特约编辑 丁寿萍
特约校对 梁顺弟
封面设计 槿容轩　张育智　周彦余
出　　版 河海大学出版社
地　　址 南京市西康路 1 号(邮编:210098)
网　　址 http://www.hhup.com
电　　话 (025)83737852(总编室)　(025)83722833(营销部)
经　　销 江苏省新华发行集团有限公司
排　　版 南京布克文化发展有限公司
印　　刷 江苏凤凰数码印务有限公司
开　　本 787 毫米×1092 毫米　1/16　7.5 印张　157 千字
版　　次 2021 年 12 月第 1 版　2021 年 12 月第 1 次印刷
定　　价 298.00 元

《中国互联网站发展状况及网络安全报告》(2021)

编　委　会

前　言

根据国家法律法规规定，我国对经营性互联网信息服务实行许可制度，对非经营性互联网信息服务实行备案制度。根据法律法规授权，为了落实相关的规定，在实践中国家形成了以工业和信息化部ICP/IP地址/域名信息备案管理系统为技术支撑平台的中国网站管理公共服务电子政务平台，中国境内的接入服务商所接入的网站，必须通过备案管理系统履行备案，从而实现对中国网站的规模化管理，并提供相应的服务。

为进一步落实加强政府信息公开化要求，向社会提供有关中国互联网站发展水平及其安全状况的权威数据，从中国网站的发展规模、组成结构、功能特征、地域分布、接入服务、安全威胁和安全防护等方面对中国网站发展作出分析，引导互联网产业发展与投资，保护网民权益及财产安全，提升中国互联网站安全总体防护水平，在工业和信息化部等主管部门指导下，依托备案管理系统中的相关数据，以及相关互联网接入企业及互联网安全企业的研究数据，中国互联网协会发布《中国互联网站发展状况及网络安全报告(2021)》。

目前互联网在中国的发展已进入一个新时期，云计算、大数据、移动互联网、网络安全等技术业务应用迅猛发展，报告的发布将对中国互联网发展布局提供更为科学的指引，为政府管理部门、互联网从业者、产业投资者、研究机构、网民等相关人士了解、掌握中国互联网站总体情况提供参考，是政府开放数据大环境下的有益探索和创新。

中国互联网协会长期致力于中国网站发展的研究，连续多年发布《中国互联网站发展状况及网络安全报告》，旨在通过网站大数据展示和解读中国互联网站发展状况及其安全态势，促进中国互联网的健康有序发展。

报告的编写和发布得到了政府、企业和社会各界的大力支持，在此一并表示感谢。因能力和水平有限，不足之处在所难免，欢迎读者批评指正。

术语界定

网站：

是指使用 ICANN 顶级域（包括国家和地区顶级域、通用顶级域）注册体系下独立域名的 Web 站点，或没有域名只有 IP 地址的 Web 站点。如果有多个独立域名或多个 IP 指向相同的页面集，则视为同一网站，独立域名下次级域名所指向的页面集视为该网站的频道或栏目，不视为网站。

中国互联网站（简称“中国网站”）：

是指中华人民共和国境内的组织或个人开办的网站。

域名：

域名（Domain Name），由一串用点分隔的名字组成，用于在互联网上数据传输时标识联网计算机的电子方位（有时也指地理位置），与该计算机的互联网协议（IP）地址相对应，是互联网上被最广泛使用的互联网地址。

IP 地址：

IP 地址就是给连接在互联网上的主机分配的一个网络通信地址，根据其地址长度不同，分为 IPV4 和 IPV6 两种地址。

网站分类：

通过分布式网络智能爬虫，高效采集网站内容信息，基于机器学习技术和 SVM 等分类算法，构建行业网站分类模型，然后使用大数据、云计算技术实现对海量网站的行业类别判断分析，结合人工研判和修订，最终确定网站分类。

数据来源：

工业和信息化部 ICP/IP 地址/域名信息备案管理系统

数据截止日期：

2020 年 12 月 31 日

目 录

第一部分　2021 年中国网站发展概况[①]

中国网站建设经过几十年的发展，已经日趋成熟，政府和市场在网站高速发展的同时对网站备案的准确性和规范性提出了更高的要求，近两年工业和信息化部相继开展了一系列专项行动，清理过期、不合规域名，注销空壳网站，核查整改相关主体资质证件信息，清理错误数据，规范接入服务市场，开展互联网信息服务备案用户真实身份信息电子化核验试点工作等，进一步落实网络实名管理要求，扎实有效地推进了互联网站的健康有序发展。2020 年，中国网站规模保持稳定，网站数量稍有下降，但网站备案的准确率和有效性进一步提升，中国网站的发展和治理逐步规范化，更有力地保障了政府对网站的监管和互联网行业的健康发展。

（一）中国网站规模稍有下降

截至 2020 年 12 月底，中国网站总量达到 445.80 万个，较 2019 年降低 5.30 万个，其中企业主办网站 349.36 万个、个人主办网站 78.06 万个。为中国网站提供互联网接入服务的接入服务商 1 420 家，网站主办者达到 329.35 万个；中国网站所使用的独立域名共计 515.92 万个，每个网站主办者平均拥有网站 1.35 个，每个中国网站平均使用的独立域名 1.16 个。全国提供药品和医疗器械、新闻、文化、广播电影电视节目、出版等专业互联网信息服务的网站 2.35 万个。

（二）网站接入市场形成相对稳定的格局，市场集中度进一步提升

一是从事网站接入服务业务的市场经营主体稳步增长，2020 年全国新增的从事网站接入服务业的市场经营主体有 24 家。二是互联网接入市场规模和份额已相对稳定。民营企业是网站接入市场的主力军，三家基础电信企业直接接入的网站仅为中国网站总量的 4.58%。接入网站数量排名前 20 的接入服务商均为民营接入服务商企业，接入网站数量占比达到 81.11%，民营接入服务商数量持续提升。三是接入市场集中度较高。截至 2020 年底，十强接入服务商接入网站 332.11 万个，占中国网站总量的 74.50%，占总体接入市场比例超过 2/3。

（三）中国网站区域发展不协调、不平衡，区域内相对集中

跟中国经济发展状况高度相似，中国网站在地域分布上呈现东部地区多、中西部地区少的发展格局，区域发展不协调、不平衡的问题较为突出。截至 2020 年底，

① 本书所统计的中国互联网站及其相关数据均未包括香港特别行政区、澳门特别行政区和台湾地区的数据。

东部地区网站占比 67.52%,中部地区占比 18.15%,西部地区占比 14.33%。无论从网站主办者住所所在地统计,还是从接入服务商接入所在地统计,网站均主要分布在广东、北京、江苏、上海、山东、浙江等东部沿海省市,中部地区网站分布主要在河南、安徽和湖北,西部地区网站主要集中分布在四川、陕西和重庆。

(四) 中国网站主办者中“企业”创办的网站仍为主流,占比持续增长

在 445.80 万个网站中,网站主办者为“企业”创办的网站达到 349.36 万个,占中国网站总量的 78.37%,占比较去年增长 1.51 个百分点。主办者性质为“个人”的网站 78.06 万个,较 2019 年底减少 7.81 万个。主办者性质为“事业单位”“社会团体”的网站较 2019 年底相比有所减少,主办者性质为“政府机关”的网站较 2019 年底相比有所增加。中国网站主办者组成情况见图 1-1。

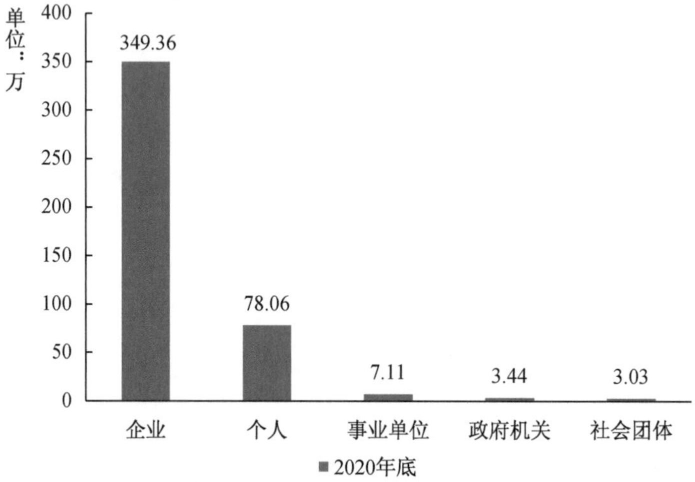

图 1-1　截至 2020 年 12 月底中国网站主办者组成情况

数据来源:中国互联网协会　2020.12

(五) “.com”“.cn”“.net”在中国网站主办者使用的已批复域名中依旧稳居前三

在中国网站注册使用的 473.60 万个已批复通用域名中,注册使用“.com”“.cn”“.net”域名的中国网站数量仍最多,使用数量占通用域名总量的 90.63%。截至 2020 年 12 月底,“.com”域名使用数量最多,达到 274.74 万个,较 2019 年底减少了 38.42 万个;其次为“.cn”和“.net”域名,各使用 134.19 万个和 20.31 万个,“.cn”域名较 2019 年底减少了 18.39 万个,“.net”域名较 2019 年底减少了 2.81 万个。中国网站注册使用各类通用域使用情况如图 1-2 所示。

(六) 中文域名中“.中国”“.公司”“.网络”域名备案总量均有所下降

2020 年底,全国共报备中文域名 30 类,总量为 57 313 个,占已批复顶级域名总

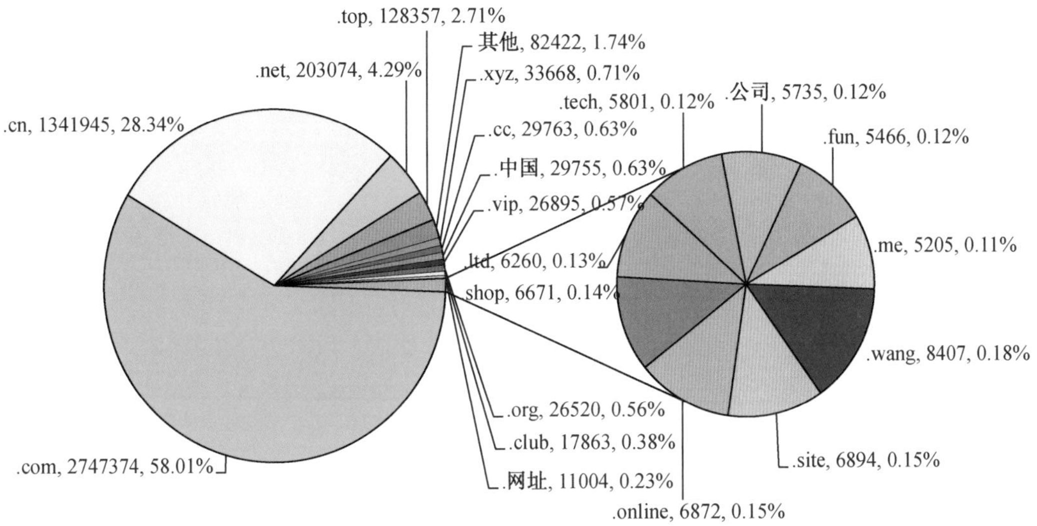

图 1-2　截至 2020 年 12 月底中国网站注册使用的各类通用域占比情况

数据来源:中国互联网协会　2020.12

量的 1.21%。“.中国”的域名数量最多,为 29 755 个,其次为“.网址”和“.公司”,各

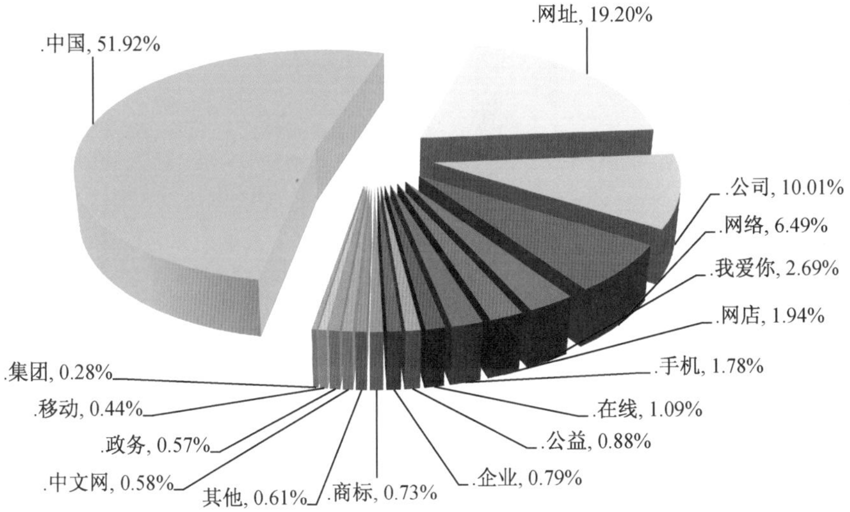

图 1-3　截至 2020 年 12 月底各类中文域名报备占比情况

数据来源:中国互联网协会　2020.12

报备 11 004 个和 5 735 个。

(七) 专业互联网信息服务网站持续增长,出版类网站增幅最大

截至 2020 年 12 月底,专业互联网信息服务网站共计 23 482 个,主要集中在药品和医疗器械、文化等行业和领域,新闻、广播电影电视节目、出版、互联网金融、网

络预约车等行业的领域发展规模相对较小。较 2019 年底相比，药品和医疗器械、广播电影电视节目、出版类专业互联网信息服务网站均有所增长，文化类网站有所减少，其中出版类网站增幅最大，同比增长 38.89%。各类中国网站中涉及提供专业互联网信息服务的网站情况见图 1-4。

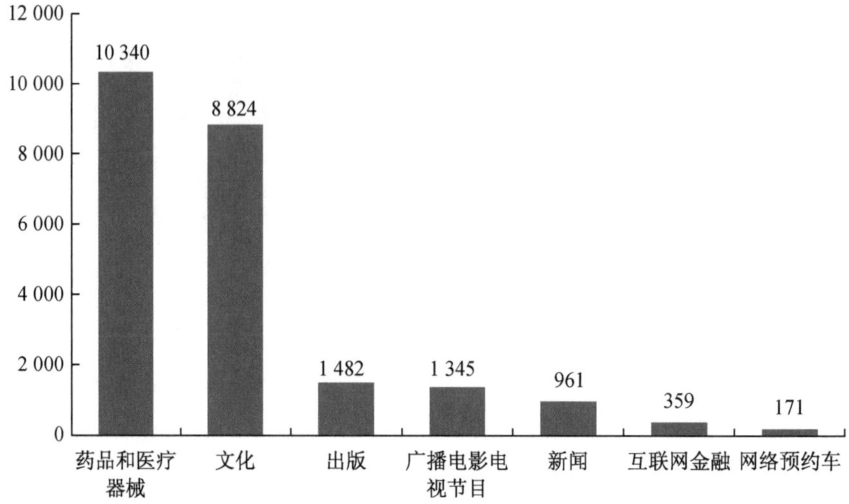

图 1-4　2020 年中国网站中涉及提供专业互联网信息服务的网站情况

数据来源：中国互联网协会　2020.12

第二部分　中国网站发展状况分析

本章主要对中国网站总量、中国网站注册使用的域名、中国网站地域分布、专业互联网信息服务网站、中国网站主办者、从事网站接入业务的接入服务商等与中国网站相关的要素，从2020年全年和近五年两个时间维度来统计分析其发展状况、地域分布及发展趋势。

（一）中国网站及域名历年变化情况

1. 中国网站总量及历年变化情况

2020年中国网站总量呈下降的趋势，截至2019年12月底达到445.80万个，具体月变化情况见图2-1。

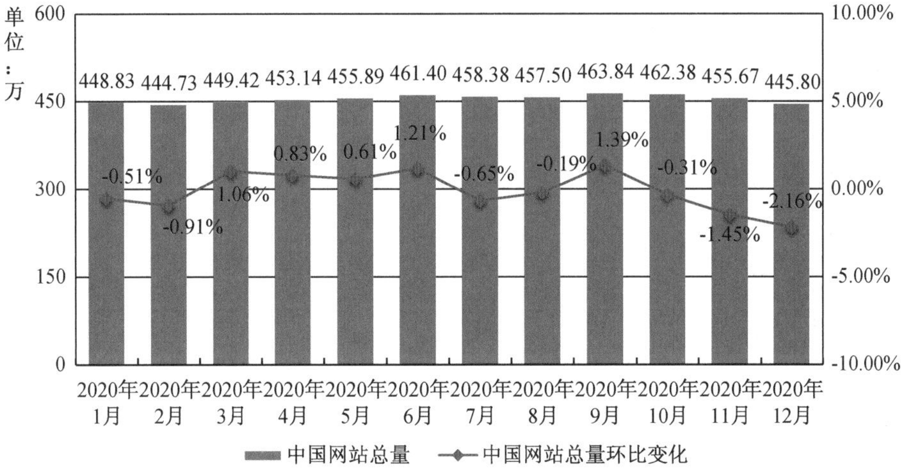

图2-1　2020年全年中国网站总量变化情况

数据来源：中国互联网协会　2020.12

从近五年来看，中国网站总量呈逐年先上升后下降态势。截至2020年12月底，中国网站总量达到445.80万个，较2019年底降低5.30万个，同比降低1.18%，近五年变化情况见图2-2。

2. 注册使用的已批复独立域名及历年变化情况

2020年中国网站注册使用的各类独立顶级域名整体呈减少态势，2020年12月底达到473.60万个。具体情况如图2-3。

2020年中国网站注册使用的独立域名数量最多的三类顶级域分别为“.com”、“.cn”和“.net”，三类域名数量整体均呈减少态势。2020年12月底“.com”、“.cn”和

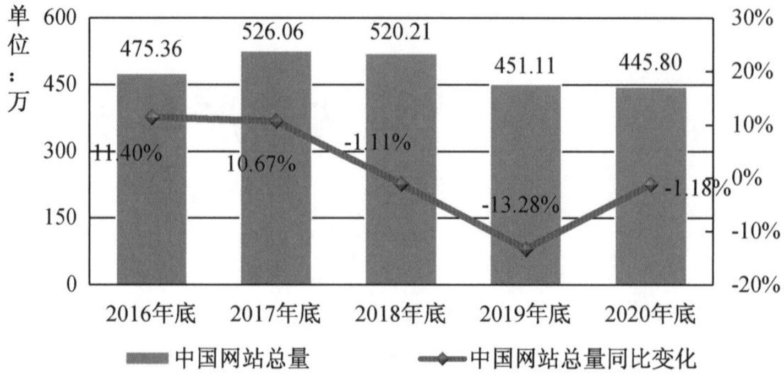

图 2-2　近五年中国网站总量变化情况

数据来源：中国互联网协会　2020.12

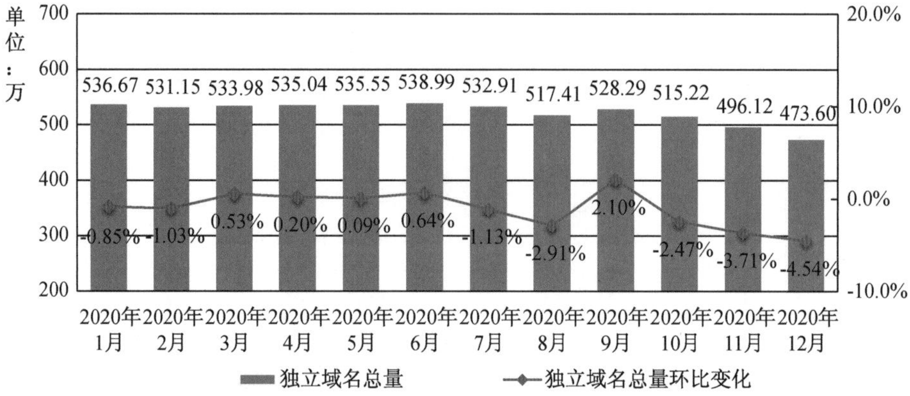

图 2-3　2020 年全年独立顶级域名总量变化情况

数据来源：中国互联网协会　2020.12

“.net”三类域名数量分别为 274.74 万个、134.19 万个和 20.31 万个。2020 年全年注册使用“.com”、“.cn”和“.net”三类域名数量具体月变化情况见图 2-4。

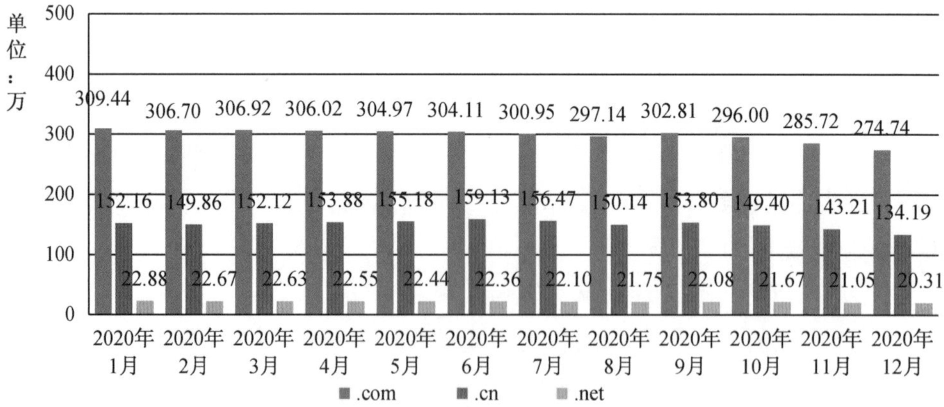

图 2-4　2020 年全年数量最多的三类独立顶级域名变化情况

数据来源：中国互联网协会　2020.12

近五年各类独立顶级域名数量呈先上升后下降态势，截至 2020 年 12 月底，中国网站注册使用的各类独立顶级域名 473.60 万个，较 2019 年底减少 67.65 万个，同比降低 12.50%。具体情况如图 2-5。

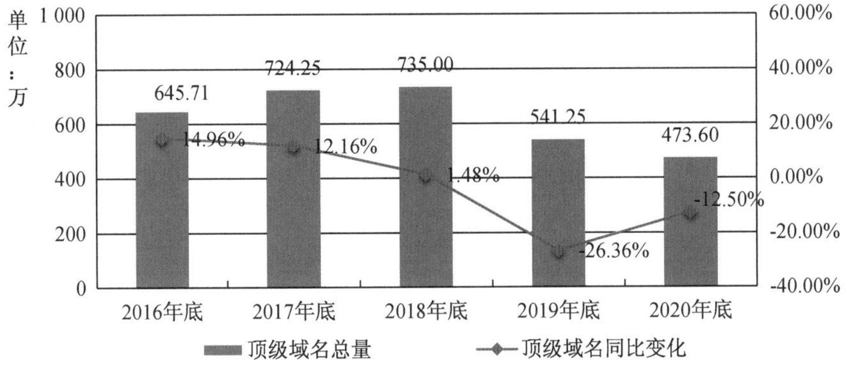

图 2-5　近五年独立顶级域名总量变化情况

数据来源：中国互联网协会　2020.12

2020 年中国网站注册使用的独立域名数量最多的三类顶级域分别为“.com”“.cn”和“.net”。其中注册使用“.com”的独立域名 274.74 万个，较 2019 年底降低 38.42 万个；“.cn”域名 134.19 万个，较 2019 年底降低 18.39 万个；“.net”域名 20.31 万个，较 2019 年底降低 2.81 万个。具体情况如图 2-6。

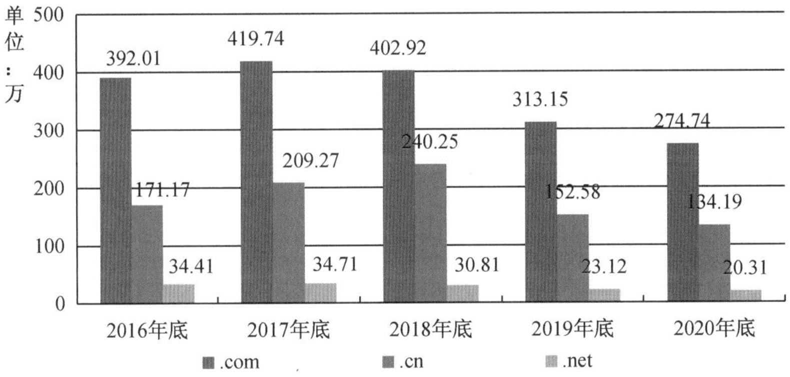

图 2-6　近五年全年数量最多的三类独立顶级域名变化情况

数据来源：中国互联网协会　2020.12

(二) 中国网站及域名地域分布情况

1. 中国网站地域分布情况

东部地区网站发展远超中西部地区。按照网站主办者所在地统计，我国东部沿海地区的 2020 年网站数量达到 301.02 万个，占中国总量的 67.52%。中部地区网站数量达到 80.92 万个，占中国总量的 18.15%。西部地区网站数量达到 63.87

万个,占中国总量的14.33%。我国东部沿海、中部及西部地区的网站分布情况及近五年变化情况见图2-7和图2-8。

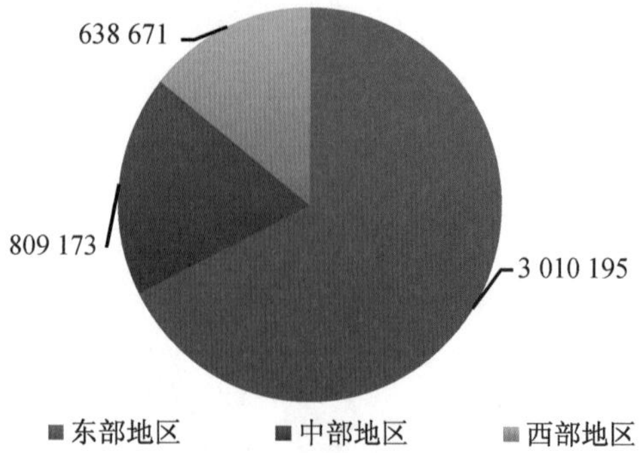

图2-7　2020年中国网站总量地域分布情况

数据来源:中国互联网协会　2020.12

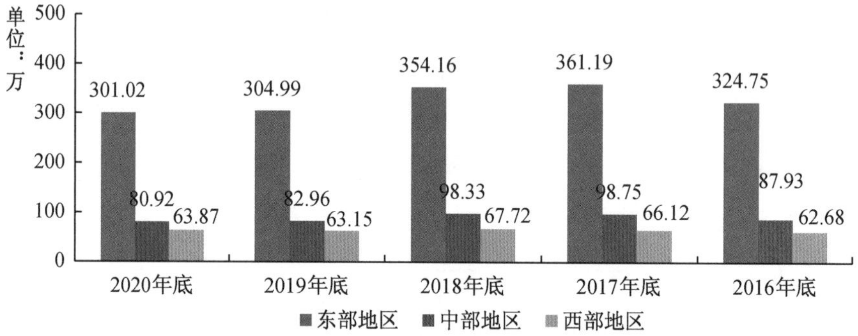

图2-8　近五年中国网站总量地域分布变化情况

数据来源:中国互联网协会　2020.12

截至2020年12月底,从各省、区、市网站(按网站主办者住所所在地)总量的分布情况来看,广东省网站数量位居全国第一,达到72.34万个,占全国总量的16.23%。排名第2至5位的地区分别为北京(44.09万个)、江苏(41.11万个)、上海(32.77万个)和山东(29.99万个),上述五个地区的网站总量220.30万个,占中国网站总量的49.42%。属地内网站数量在1万以内的地区有西藏(1 730个)、青海(4 956个)、新疆(9 153)。近两年中国网站总量在各省、区、市的分布情况见图2-9。

2. 注册使用的各类独立域名地域分布情况

东部地区网站注册使用的独立域名数量远超中西部地区。我国东部地区网站注册使用的独立域名数量达到326.14万个,占中国网站注册使用的独立域名总量的68.87%。中部地区网站注册使用的独立域名数量达到83.06万个,占中国网站注册使用的独立域名总量的17.54%。西部地区网站注册使用的独立域名数量达到64.39万个,占中国网站注册使用的独立域名总量的13.60%。我国东部沿海、中部及西部

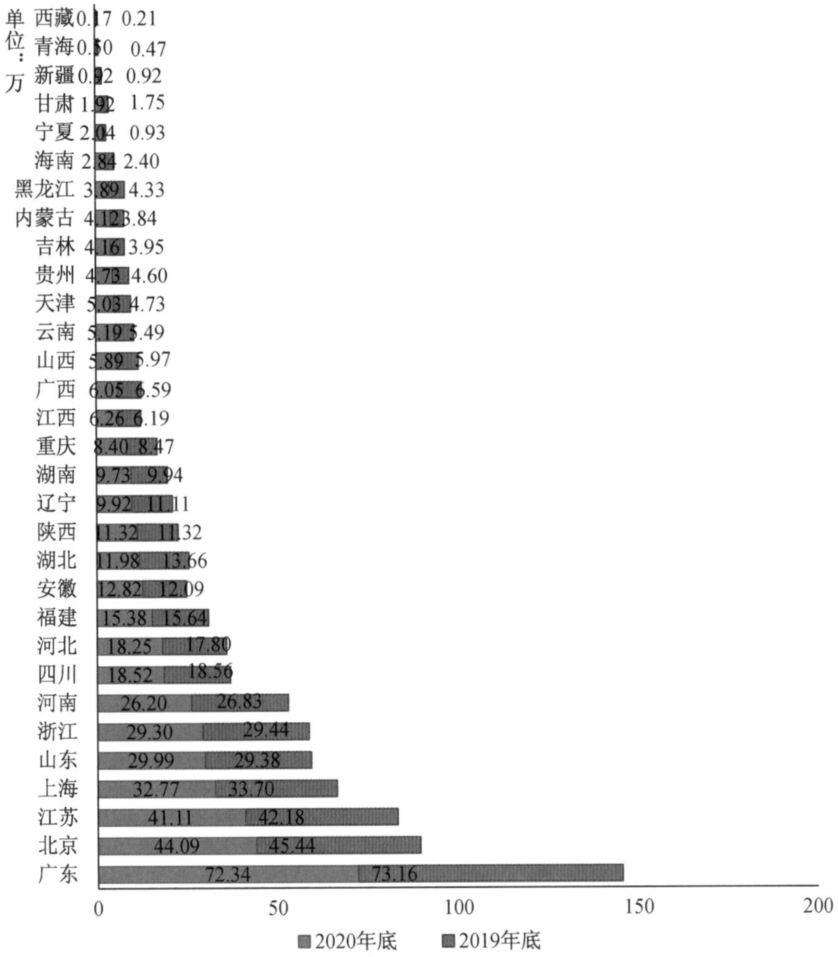

图 2-9　近两年中国网站总量整体分布情况

数据来源：中国互联网协会　2020.12

地区网站注册使用的独立域名总量分布情况及近五年变化情况见图 2-10 和 2-11。

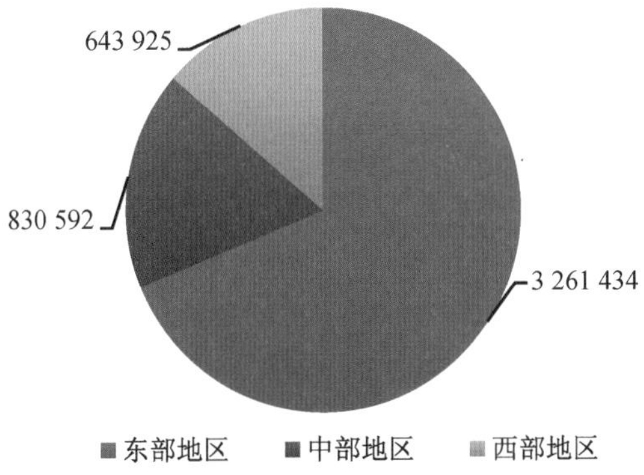

图 2-10　2020 年中国网站各类独立顶级域名总量地域分布情况

数据来源：中国互联网协会　2020.12

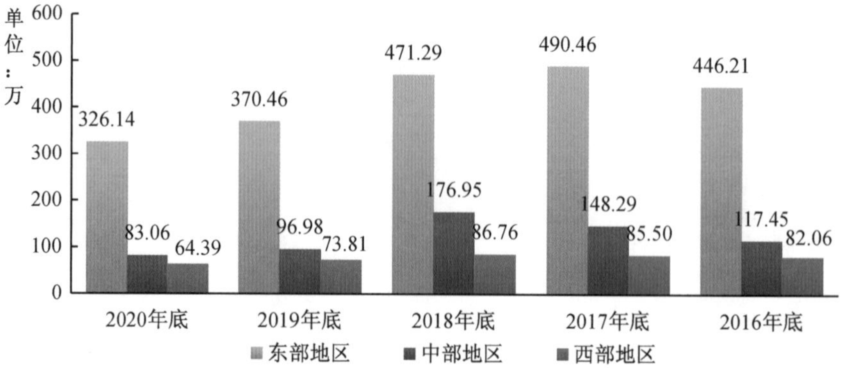

图 2-11 近五年中国网站各类独立顶级域名总量地域分布变化情况

数据来源：中国互联网协会 2020.12

截至 2020 年 12 月底，从各省、区、市网站注册使用的独立域名分布情况来看，广东省网站注册使用的独立域名数量位居全国第一，达到 75.23 万个，占全国总量的 15.88%。排名第 2 至 5 位的地区分别为北京(51.56 万个)、江苏(43.74 万个)、上海(35.83 万个)和浙江(32.43 万个)。上述五个地区的网站注册使用的独立域名数量 238.79 万个，占全国独立域名总量的 50.42%。注册使用独立域名数量不足 1 万个的地区有西藏(1 855 个)和青海(4 834 个)。近两年各省、区、市网站注册使用的独立域名情况见图 2-12。

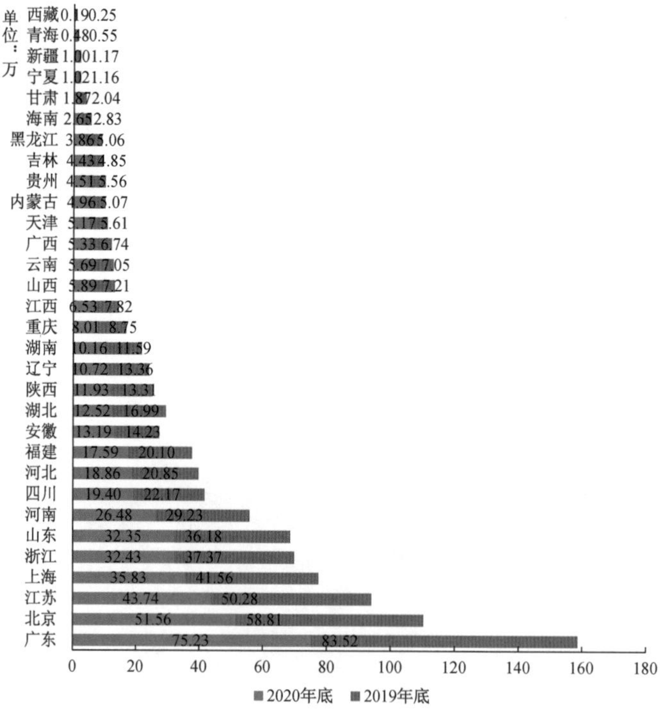

图 2-12 近两年中国网站各类独立顶级域名总量整体分布情况

数据来源：中国互联网协会 2020.12

（三）全国涉及各类前置审批的网站历年变化及分布情况

截至 2020 年 12 月底，全国涉及各类前置审批的网站达到 23 482 个，其中药品和医疗器械类网站 10 340 个，文化类网站 8 824 个，出版类网站 1 482 个，广播电影电视节目类网站 1 345 个，新闻类网站 961 个，互联网金融类网站 359 个，网络预约车类网站 171 个。中国网站中涉及各类前置审批的网站情况如图 2-13 所示。

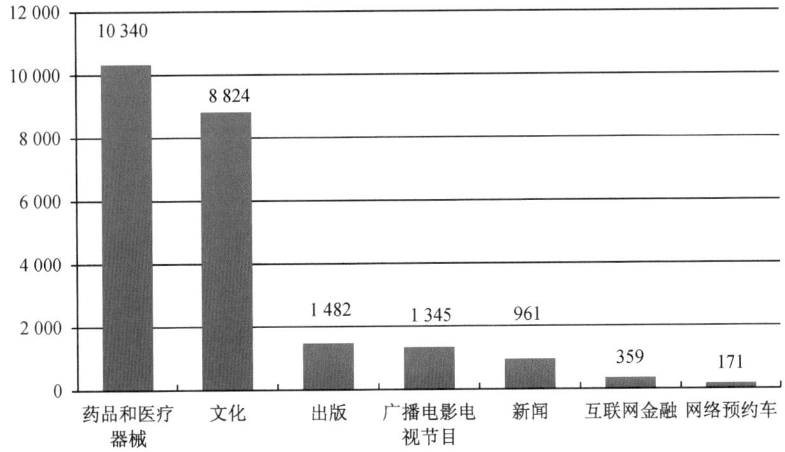

图 2-13　截至 2020 年 12 月底，中国网站中涉及各类前置审批的网站情况

数据来源：中国互联网协会　2020.12

1. 涉及各类前置审批的网站历年变化情况

截至 2020 年 12 月底，全国涉及各类前置审批的网站达到 23 482 个，出版、药品和医疗器械类增长迅速。近 3 年来，全国涉及各类前置审批的网站具体变化情况见图 2-14。

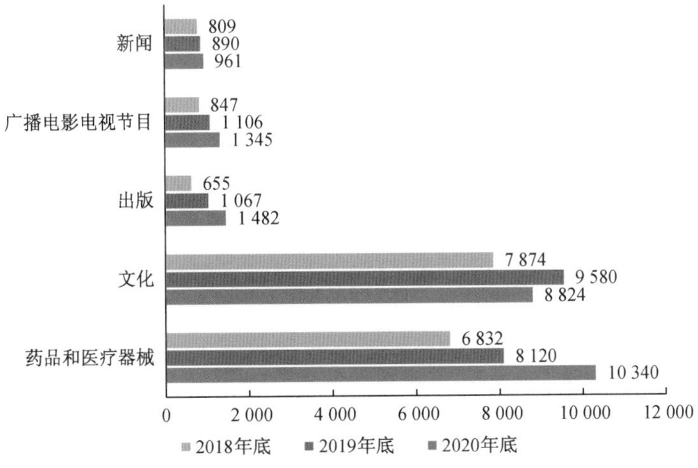

图 2-14　近 3 年全国涉及各类前置审批的网站具体变化情况

数据来源：中国互联网协会　2020.12

2. 药品和医疗器械类网站历年变化及分布情况

近 5 年来,药品和医疗器械类网站逐年递增。截至 2020 年 12 月底,药品和医疗器械类网站 10 340 个,较 2019 年底增长 2 220 个,同比增长 27.34%,具体情况见图 2-15。

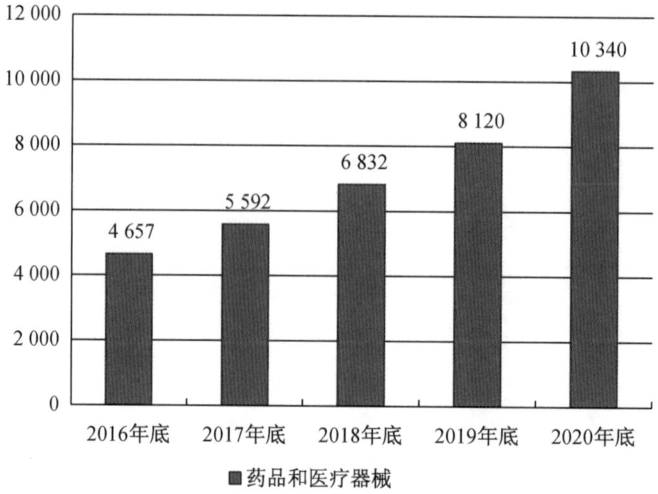

图 2-15 近 5 年药品和医疗器械类网站变化情况

数据来源:中国互联网协会 2020.12

从各省、区、市的药品和医疗器械类网站分布情况来看,山东省药品和医疗器械类网站数量位居全国第一,达到 3 506 个,占全国药品和医疗器械类网站总量的 30.91%。排名第 2 至第 5 位的地区分别为广东(1 494 个)、四川(492 个)、湖北(459 个)和上海(387 个)。上述五省市药品和医疗器械类网站数量 6 338 个,占全国药品和医疗器械类网站总量的 61.30%。属地内药品和医疗器械类网站数量在 10 个以内的地区有西藏(9 个)和青海(9 个)。药品和医疗器械类网站在各省、区、市的分布情况见图 2-16。

3. 文化类网站历年变化及分布情况

近 5 年来,文化类网站呈先上升后下降趋势。截至 2020 年 12 月底,文化类网站达到 8 824 个,较 2019 年底减少 756 个,同比降低 7.89%,具体情况见图 2-17。

从各省、区、市的文化类网站的分布情况来看,广东省文化类网站数量位居全国第一,达到 3 117 个,占全国文化类网站总量的 35.32%。排名第 2 至第 5 位的地区分别为浙江(1 335 个)、上海(675 个)、湖北(437 个)和北京(418 个)。上述五省市文化类网站数量 5 982 个,占全国文化类网站总量的 67.79%。属地内文化类网站数量在 10 个以内的地区有青海(1 个)、西藏(1 个)和宁夏(5 个)。文化类网站在各省、区、市的分布情况见图 2-18。

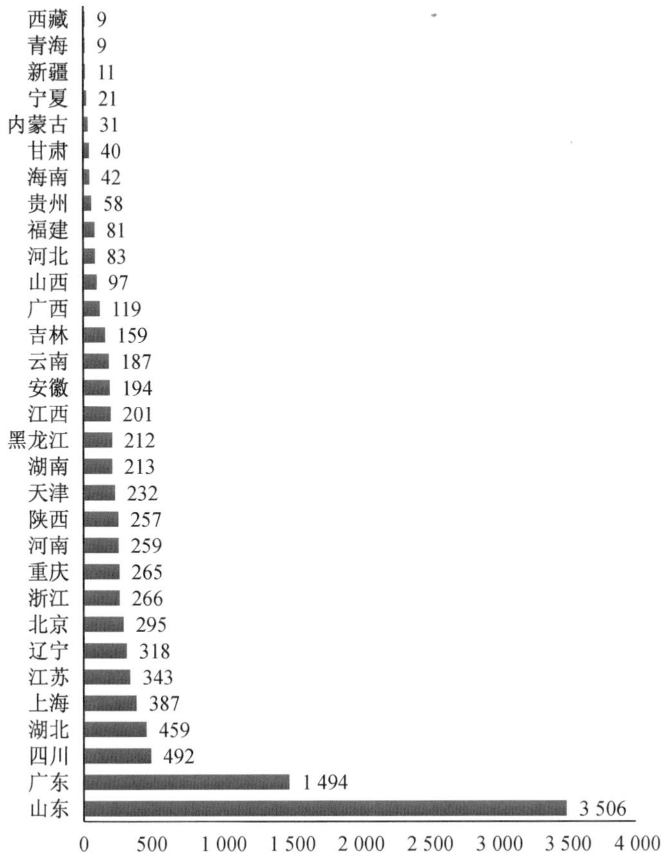

图 2-16　2020 年药品和医疗器械类网站分布情况

数据来源:中国互联网协会　2020.12

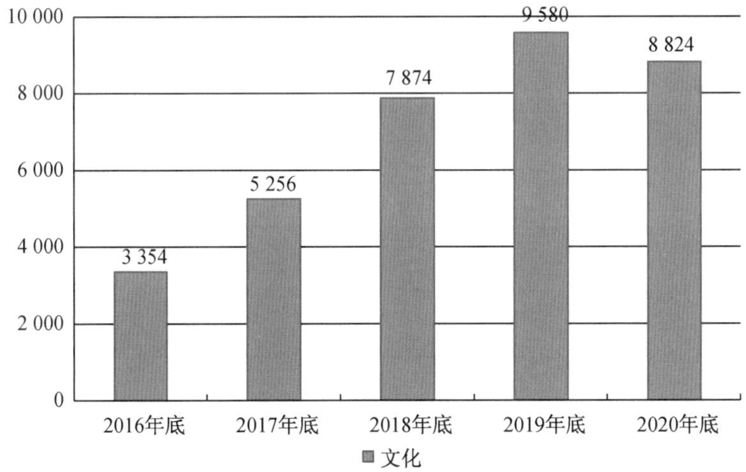

图 2-17　近 5 年文化类网站变化情况

数据来源:中国互联网协会　2020.12

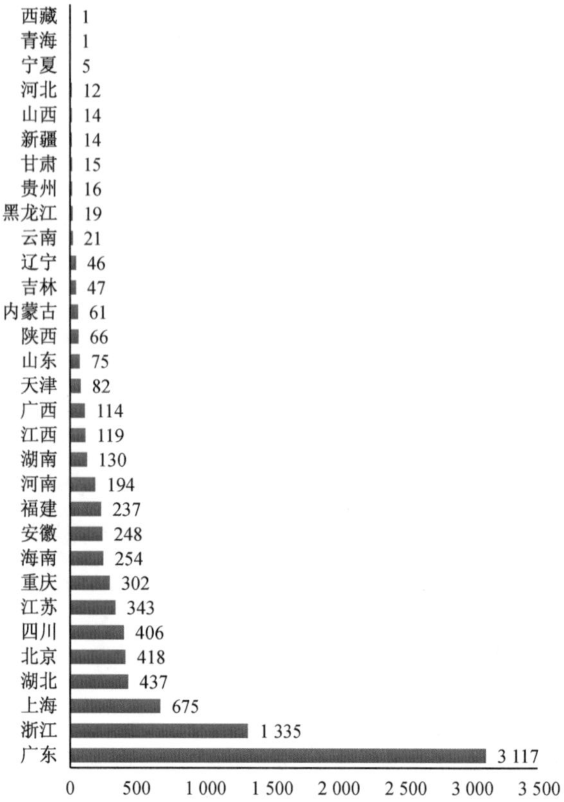

图 2-18 2020 年文化类网站分布情况

数据来源:中国互联网协会 2020.12

4. 出版类网站历年变化及分布情况

近 5 年来,出版类网站逐年递增。截至 2020 年 12 月底,出版类网站 1 482 个,较 2019 年底增长 415 个,同比增长 38.89%,具体情况见图 2-19。

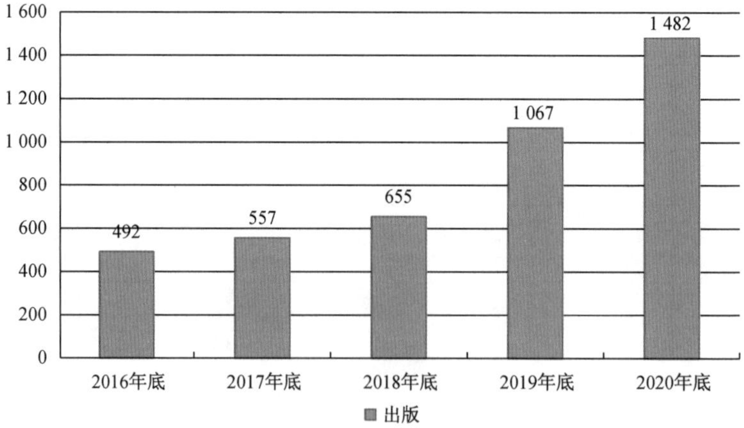

图 2-19 近 5 年出版类网站变化情况

数据来源:中国互联网协会 2020.12

从各省、区、市的出版类网站分布情况来看，山东省出版类网站数量位居全国第一，达到 720 个，占全国出版类网站总量的 48.58%。排名第 2 至第 5 位的地区分别为湖北(111 个)、北京(98 个)、广东(89 个)和上海(63 个)。上述五省市出版类网站数量共计 1 081 个，占全国出版类网站总量的 72.94%。属地内尚无出版类网站的地区是西藏。出版类网站在各省、区、市的分布情况见图 2-20。

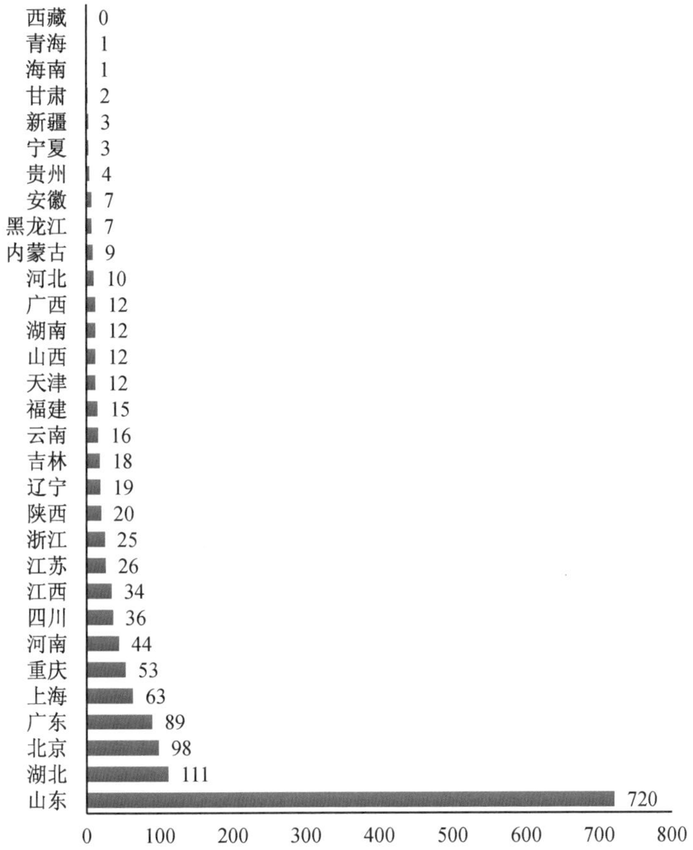

图 2-20　2020 年出版类网站分布情况

数据来源:中国互联网协会　2020.12

5. 新闻类网站历年变化及分布情况

近 5 年来，新闻类网站整体呈上升趋势。截至 2020 年 12 月底，新闻类网站 961 个，较 2019 年底增加 71 个，同比增长 7.98%，具体情况见图 2-21。

从各省、区、市的新闻类网站分布情况来看，内蒙古自治区新闻类网站数量位居全国第一，达到 97 个，占全国新闻类网站总量的 10.09%。排名第 2 至第 5 位的地区分别为山东(78 个)、四川(70 个)、广东(63 个)和云南(57 个)。上述五省市新闻类网站数量共计 365 个，占全国新闻类网站总量的 37.98%。属地内新闻类网站数量在 5 个以内的地区为西藏(4 个)、海南(3 个)。新闻类网站数量在各省、区、市的分布情况见图 2-22。

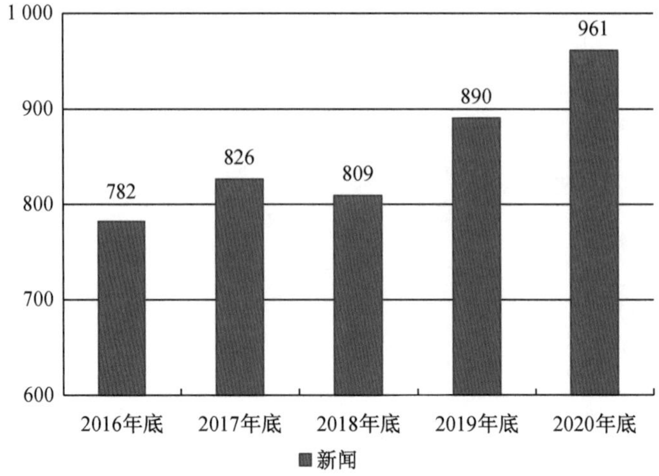

图 2-21　近 5 年新闻类网站变化情况

数据来源:中国互联网协会　2020.12

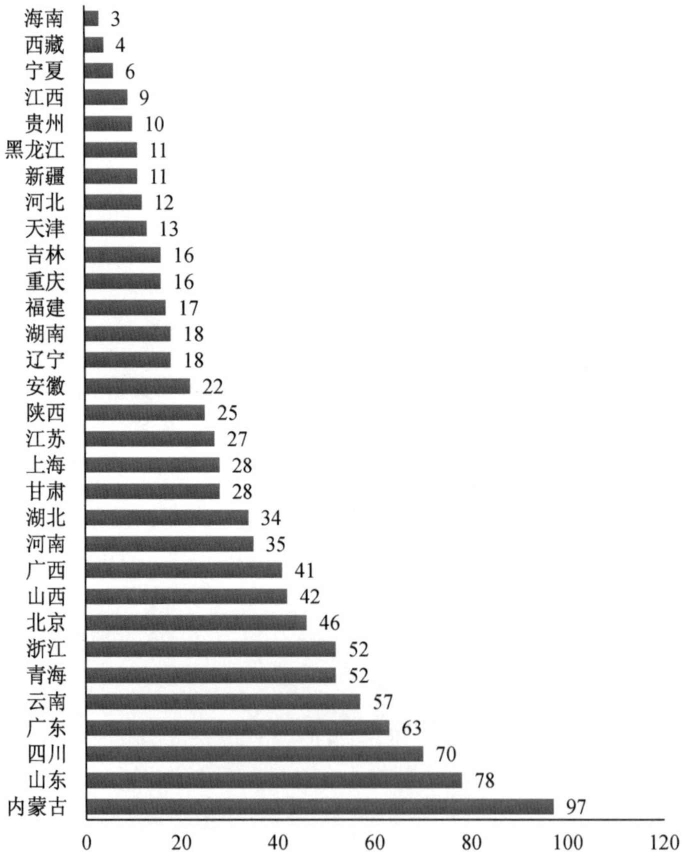

图 2-22　2020 年新闻类网站分布情况

数据来源:中国互联网协会　2020.12

6. 广播电影电视节目类网站历年变化及分布情况

近 5 年来，广播电影电视节目类网站逐年递增。截至 2020 年 12 月底，广播电影电视节目类网站 1 345 个，较 2019 年底增长 239 个，同比上升 21.61%，具体情况见图 2-23。

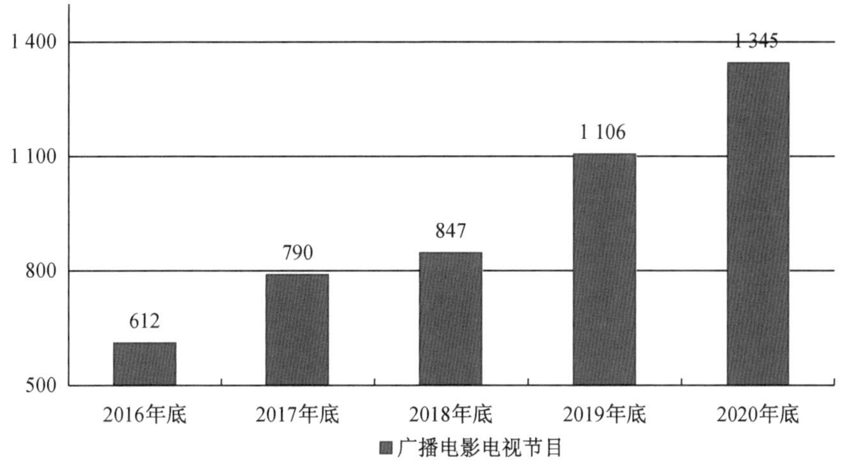

图 2-23　近 5 年广播电影电视节目类网站变化情况

数据来源：中国互联网协会　2020.12

从各省、区、市的广播电影电视节目类网站分布情况来看，山东省广播电影电视节目类网站数量位居全国第一，达到 397 个，占全国广播电影电视节目类网站总量的 29.52%。排名第 2 至第 5 位的地区分别为北京（158 个）、重庆（145 个）、浙江（103 个）和上海（88 个）。上述五省市广播电影电视节目类网站数量共计 891 个，占全国视听类网站总量的 66.25%。属地内尚无广播电影电视节目类网站的地区为青海。广播电影电视节目类网站在各省、区、市的分布情况见图 2-24。

（四）中国网站主办者组成及历年变化情况

中国网站主办者由单位、个人两类主体组成，受国家信息化发展和促进信息消费等政策的影响，企业和个人举办网站的积极性最高，数量最多，2020 年随着网站规范化的整治，各类网站数量均有所下降。2020 年中国网站主办者组成情况见图2-25。

1. 中国网站主办者组成及历年变化情况

中国网站中主办者性质为“企业”的网站达到 349.36 万个，较 2019 年底增加 3.24 万个；主办者性质为“个人”的网站 78.06 万个，较 2019 年底减少 7.81 万个；主办者性质为“事业单位”“社会团体”的网站较 2019 年底相比有所减少，主办者性质为“政府机关”的网站较 2019 年底相比略有增加。近 3 年来，各类网站主办者举办的网站情况见图 2-26。

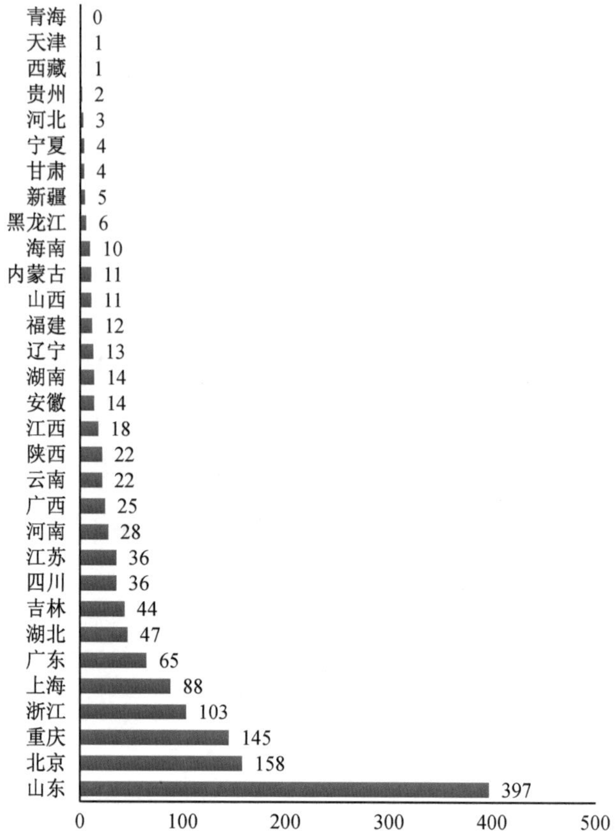

图 2-24 2020 年广播电影电视节目类网站分布情况

数据来源:中国互联网协会 2020.12

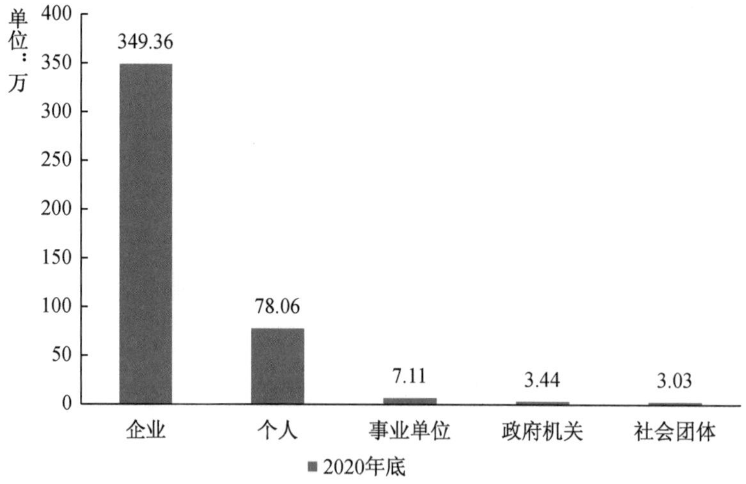

图 2-25 中国网站主办者组成情况

数据来源:中国互联网协会 2020.12

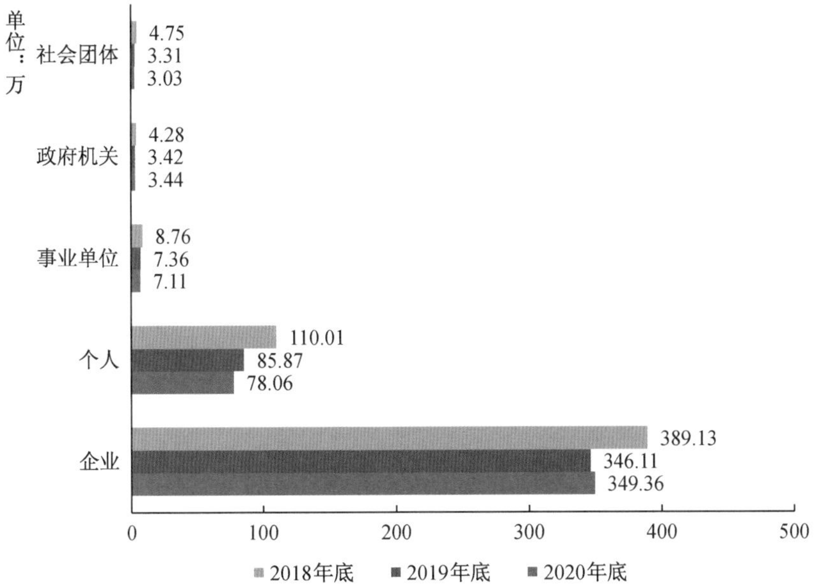

图 2-26　近 3 年中国网站主办者组成及历年变化情况

数据来源：中国互联网协会　2020.12

2. “企业”网站历年变化及分布情况

近 5 年来，“企业”网站数量整体呈先上升后下降的趋势。2020 年稍有回升。截至 2020 年 12 月底，“企业”网站 349.36 万个，较 2019 年底增加 3.24 万个，同比增长 0.94%。具体情况见图 2-27。

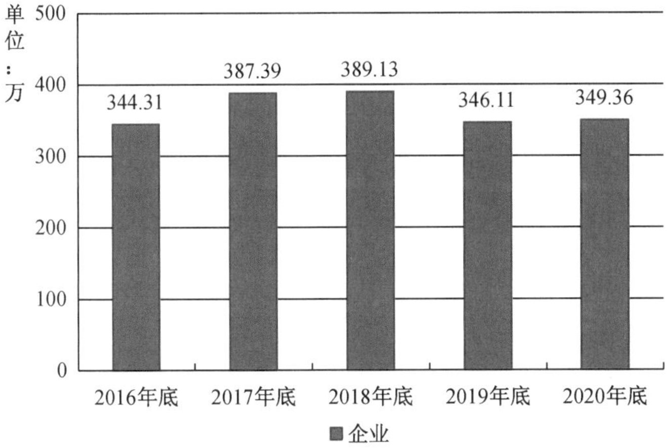

图 2-27　近 5 年“企业”网站变化情况

数据来源：中国互联网协会　2020.12

从中国网站主办者性质为“企业”的网站分布情况来看，广东省主办者性质为“企业”的网站数量位居全国第一，达到 61.18 万个，占全国主办者性质为“企业”的网站总量的17.51%。排名第2至第5位的地区分别为江苏(34.73万个)、北京(32.81万个)、上海(29.51万个)和山东(24.89万个)。上述五省市主办者性质为“企业”的网站数量达到183.12万个,占全国主办者性质为“企业”的网站总量的52.42%。属地内主办者性质为“企业”的网站数量在1万个以内的地区有西藏(1 471个)、青海(3 502个)和新疆(7 602个)。主办者性质为“企业”的网站数量在各省、区、市分布情况见图2-28。

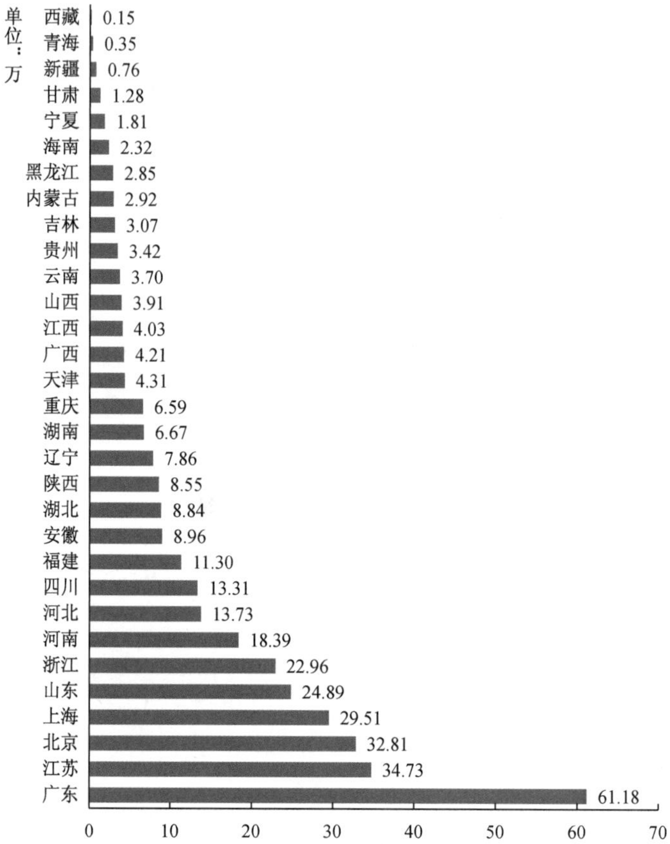

图2-28　2020年“企业”网站分布情况

数据来源:中国互联网协会　2020.12

3.“事业单位”网站历年变化及分布情况

近5年来,“事业单位”网站数量整体呈下降趋势。截至2020年12月底,“事业单位”网站7.11万个,较2019年底减少2 444个,同比下降3.32%,具体情况见图2-29。

从中国网站主办者性质为“事业单位”的网站分布情况来看,江苏省主办者性质为“事业单位”的网站数量位居全国第一,达到6 690个,占全国主办者性质为“事业单位”网站总量的9.41%。排名第2至第5位的地区分别为北京(6 069个)、广东(4 923个)、山东(4 618个)和河南(4 151个)。上述五省市主办者性质为“事业单位”的网站数量2.65万个,占全国主办者性质为“事业单位”的网站总量的

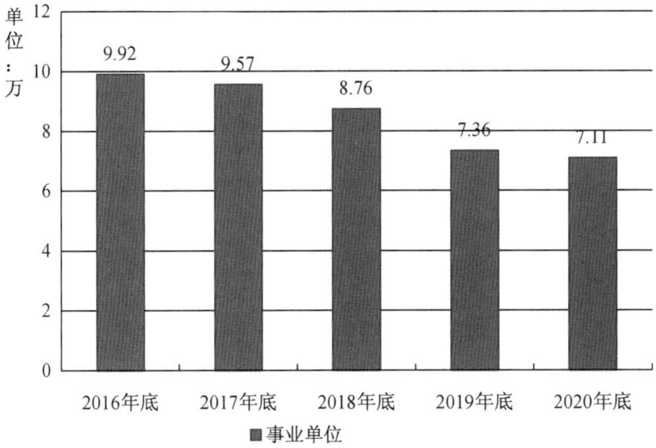

图 2-29　近 5 年“事业单位”网站变化情况

数据来源:中国互联网协会　2020. 12

37. 20%。属地内主办者性质为“事业单位”的网站数量在 500 个以内的地区有西藏(86 个)、宁夏(325 个)、青海(338 个)和海南(483 个)。主办者性质为“事业单位”的网站数量在各省、区、市的分布情况见图 2-30。

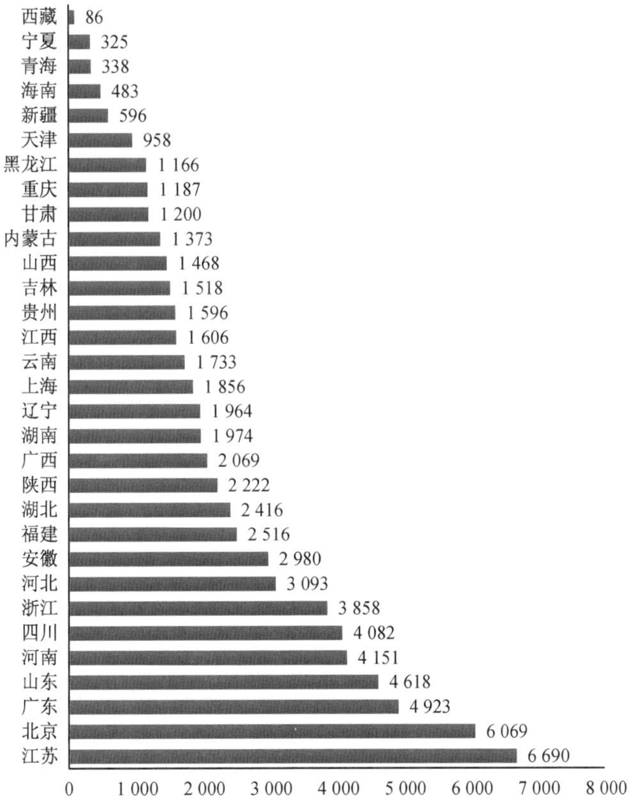

图 2-30　2020 年“事业单位”网站分布情况

数据来源:中国互联网协会　2020. 12

4. “政府机关”网站历年变化及分布情况

近5年来,“政府机关”网站数量呈逐年递减态势。截至2020年12月底,“政府机关”网站3.44万个,较2019年底增加222个,同比增长0.65%。具体情况见图2-31。

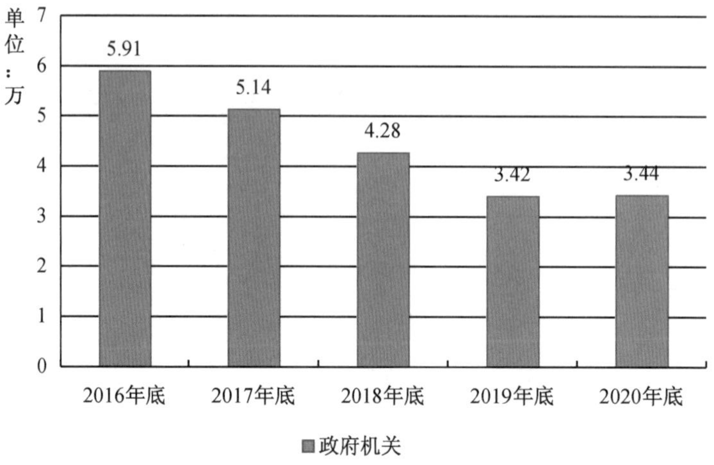

图2-31 近5年“政府机关”网站变化情况

数据来源:中国互联网协会 2020.12

从中国网站主办者性质为“政府机关”的网站分布情况来看,山东省主办者性质为“政府机关”的网站数量位居全国第一,达2 465个,占全国主办者性质为“政府机关”网站总量的7.17%。排名第2至第5位的地区分别为江苏(2 180个)、河南(2 173个)、四川(2 109个)和广东(2 071个)。上述五省市主办者性质为“政府机关”的网站数量1.10万个,占全国主办者性质为“政府机关”的网站总量的31.98%。属地内主办者性质为“政府机关”的网站数量在300个以内的地区有西藏(139个)、上海(279个)。主办者性质为“政府机关”的网站在各省、区、市的分布情况见图2-32。

5. “社会团体”网站历年变化及分布情况

近5年来,“社会团体”网站数量整体呈下降趋势。截至2020年12月底,“社会团体”网站3.03万个,较2019年底减少2,786个,同比下降8.41%,具体情况见图2-33。

从中国网站主办者性质为“社会团体”的网站分布情况来看,广东省主办者性质为“社会团体”的网站数量位居全国第一,达到4 067个,占全国主办者性质为“社会团体”网站总量的13.41%。排名第2至第5位的地区分别为北京(3 965个)、江苏(2 227个)、山东(2 157个)和河南(2 031个)。上述五省市主办者性质为“社会团体”的网站数量共计1.44万个,占全国主办者性质为“社会团体”的网站总量的47.62%。属地内主办者性质为“社会团体”的网站数量在100个以内的地区为西藏(15个)、青海(58个)。主办者性质为“社会团体”的网站在各省、区、市的分布情况见图2-34。

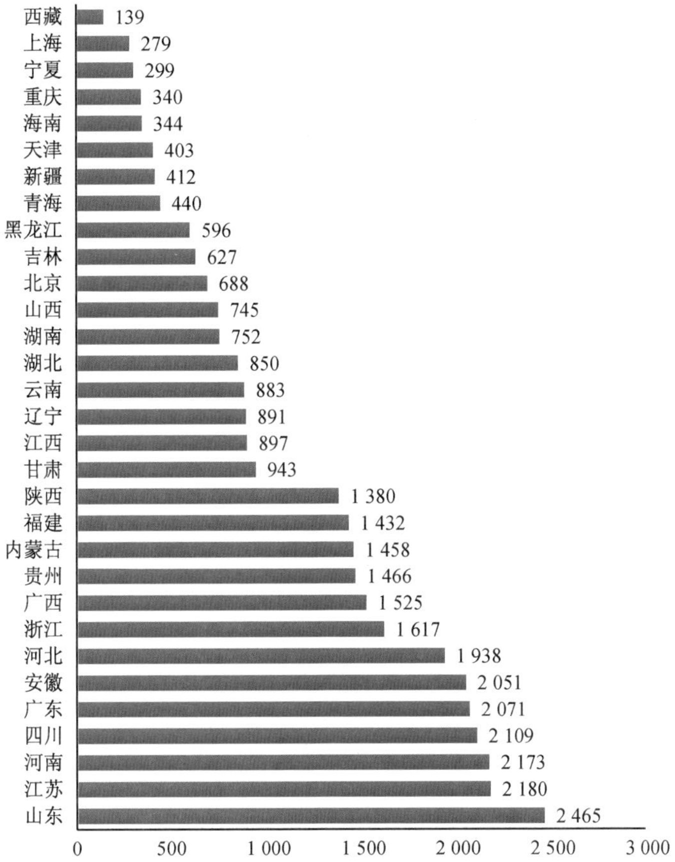

图 2-32　2020 年“政府机关”网站分布情况

数据来源：中国互联网协会　2020.12

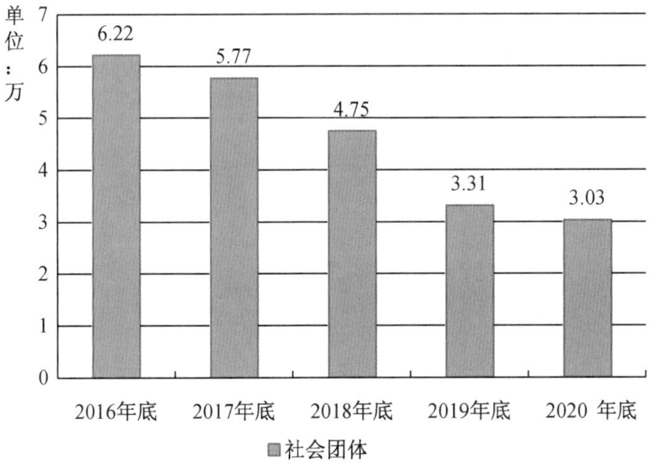

图 2-33　近 5 年“社会团体”网站变化情况

数据来源：中国互联网协会　2020.12

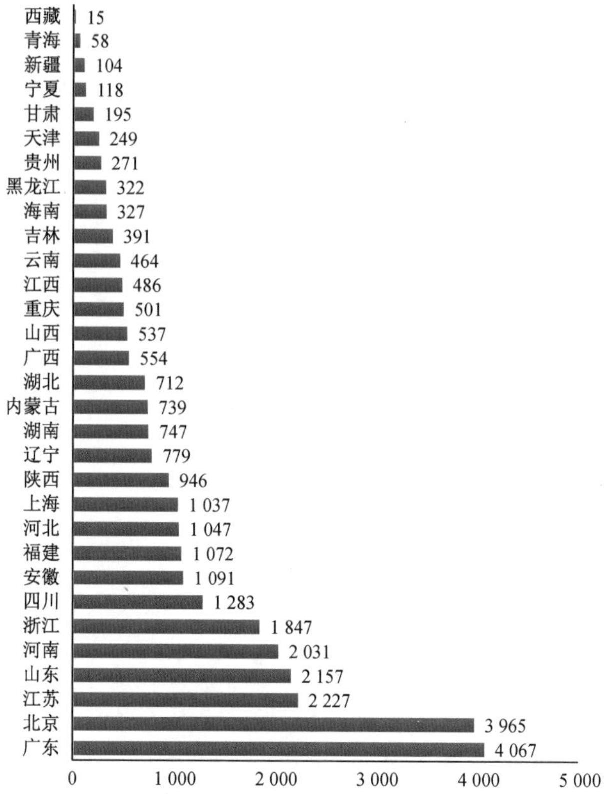

图 2-34　2020 年“社会团体”网站分布情况

数据来源:中国互联网协会　2020.12

6. “个人”网站历年变化及分布情况

近 5 年来,“个人”网站数量呈先上升后下降趋势。截至 2020 年 12 月底,“个人”网站 78.06 万个,较 2019 年底降低 7.81 万个,同比降低 9.10%。具体情况见图 2-35。

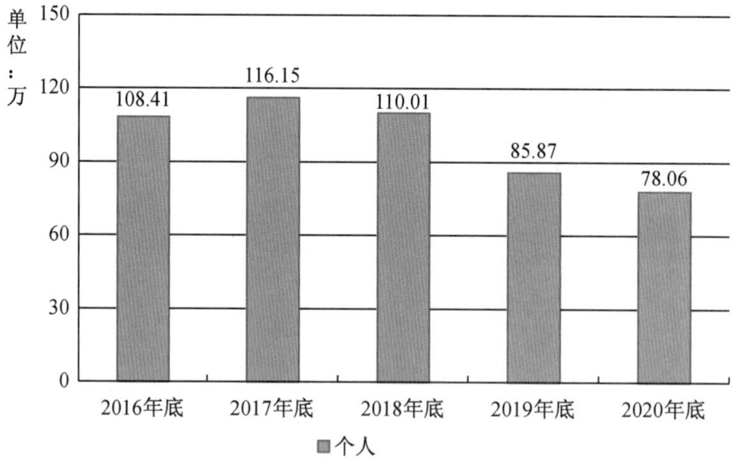

图 2-35　近 5 年“个人”网站变化情况

数据来源:中国互联网协会　2020.12

从中国网站主办者性质为“个人”的网站分布情况来看，北京市主办者性质为“个人”的网站数量位居全国第一，达到 9.77 万个，占全国主办者性质为“个人”的网站总量的 12.52%。排名第 2 至第 5 位的地区分别为广东(9.56 万个)、河南(6.72 万个)、浙江(5.37 万个)和江苏(4.95 万个)。上述五省市主办者性质为“个人”的网站数量共计 36.36 万个，占全国主办者性质为“个人”的网站总量的 46.58%。属地内主办者性质为“个人”的网站数量在 1 000 个以内的地区为西藏(10 个)、新疆(311 个)和青海(475 个)。主办者性质为“个人”的网站在各省、区、市的分布情况见图 2-36。

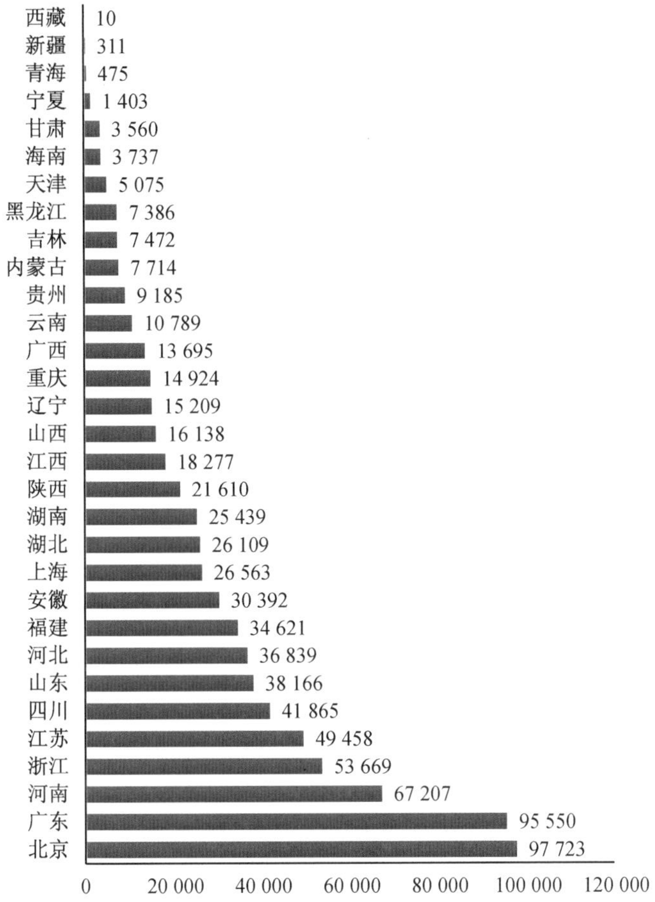

图 2-36　2020 年“个人”网站分布情况

数据来源：中国互联网协会　2020.12

(五) 从事网站接入服务的接入服务商总体情况

1. 接入服务商总体情况

近 5 年来，从事中国网站接入服务的接入服务商数量逐年递增。截至 2020 年 12 月底，已通过企业系统报备数据的接入服务商有 1 420 家，同比年度净增长 27

家。具体情况见图 2-37。

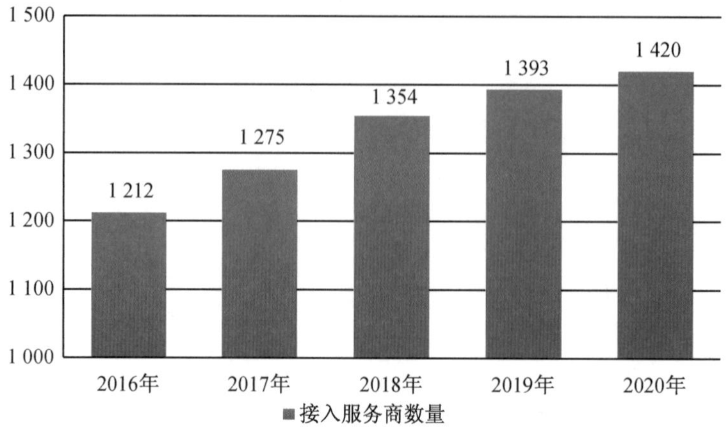

图 2-37　近 5 年中国接入服务商数量变化情况

数据来源:中国互联网协会　2020.12

截至 2020 年 12 月底,中国接入服务商数量最多的地区为北京(266 个)。排名第 2 至第 5 位的地区为广东(180 个)、上海(143 个)、江苏(130 个)和福建(66 个)。2020 年中国接入服务商地域分布情况见图 2-38。

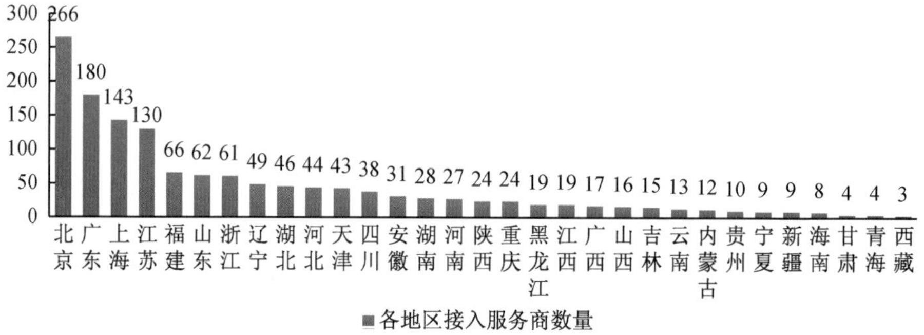

图 2-38　2020 年中国接入服务商地域分布情况

数据来源:中国互联网协会　2020.12

截至 2020 年 12 月底,接入网站数量超过 1 万个的接入服务商 30 家,较 2019 年底减少 4 家;接入网站数量超过 3 万个的接入服务商 16 家,较 2019 年底保持不变。按接入服务商注册所在地统计,接入服务商在各省、区、市的分布情况见图 2-39。

2. 接入网站数量排名前 20 的接入服务商

接入备案网站数量最多的单位是阿里云计算有限公司,共接入 169.09 万个网站,占接入备案网站总量的 37.12%。在接入备案网站数量位居前 20 的接入服务商中,北京的接入服务商 6 家,广东 3 家,上海 2 家,江苏、安徽、河北、河南、陕西、四川、浙江、福建、黑龙江各 1 家,具体情况见表 2-2。

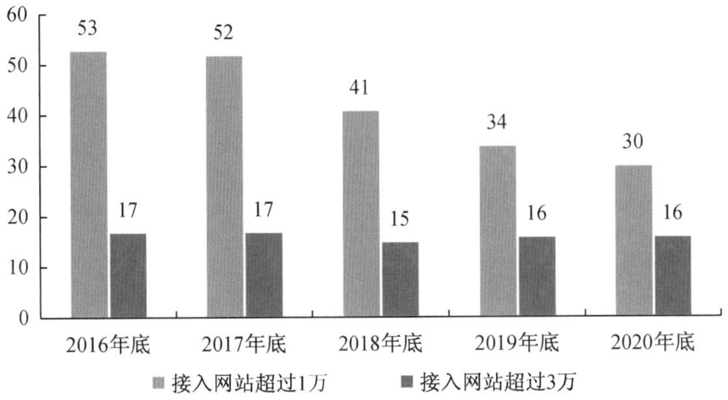

图 2-39　近 5 年接入备案网站超过 1 万和 3 万的接入服务商数量变化情况

数据来源：中国互联网协会　2020.12

表 2-2　2020 年接入网站数量排名前 20 的接入服务商

序号	接入商所在省	单位名称	网站数量	所占百分比
1	浙江省	阿里云计算有限公司	1 690 920	37.12%
2	广东省	腾讯云计算(北京)有限责任公司广州分公司	280 079	6.15%
3	广东省	阿里云计算有限公司广州分公司	278 708	6.12%
4	四川省	成都西维数码科技有限公司	267 480	5.87%
5	北京市	北京百度网讯科技有限公司	224 019	4.92%
6	河南省	郑州市景安网络科技股份有限公司	217 708	4.78%
7	北京市	北京新网数码信息技术有限公司	123 597	2.71%
8	上海市	优刻得科技股份有限公司	85 511	1.88%
9	北京市	北京中企网动力数码科技有限公司	82 413	1.81%
10	上海市	上海美橙科技信息发展有限公司	70 621	1.55%
11	北京市	中企网动力(北京)科技有限公司	59 989	1.32%
12	福建省	厦门三五互联科技股份有限公司	59 447	1.31%
13	河北省	华为软件技术有限公司	58 687	1.29%
14	广东省	广东金万邦科技投资有限公司	37 172	0.82%
15	北京市	腾讯云计算(北京)有限责任公司	36 937	0.81%
16	北京市	阿里巴巴云计算(北京)有限公司	32 318	0.71%
17	江苏省	江苏邦宁科技有限公司	25 827	0.57%
18	陕西省	西安天互通信有限公司	22 603	0.50%
19	安徽省	网新科技集团有限公司	19 384	0.43%
20	黑龙江省	龙采科技集团有限责任公司	17 285	0.38%

数据来源：中国互联网协会　2020.12

第三部分 中国互联网 ICP 备案网站分类统计报告

摘要:本部分主要对境内已完成 ICP 备案且可访问的网站,按照中国国民经济行业(GB/T 4754—2017)进行分类,从行业细分、分布地区、网站主体性质等多个维度分析各行业网站的发展状况、地区分布及发展趋势。

网站属性及行业分类以网站分类知识库为基础,采用信息获取技术、信息预处理技术、特征提取技术、分类技术等,对网站内容进行获取和分析,实现将互联网站按照国民经济行业、网站内容、网站规模等相关维度进行分类管理,辅以人工研判和修订,为网站内容动态监测和全面掌握网站信息提供有效技术手段。

(一) 全国网站内容分析

1. 按国民经济行业分类网站情况

截至 2020 年底,ICP 备案库中可访问网站共计 137.83 万个。按照国民经济行业分类,其中数量最多的前五行业是信息传输、软件和信息技术服务业网站 74.00 万个,制造业网站 12.39 万个,租赁和商务服务业网站 9.10 万个,教育业网站 7.40 万个,科学研究和技术服务业网站 5.95 万个。具体分类情况如图 3-1 所示。

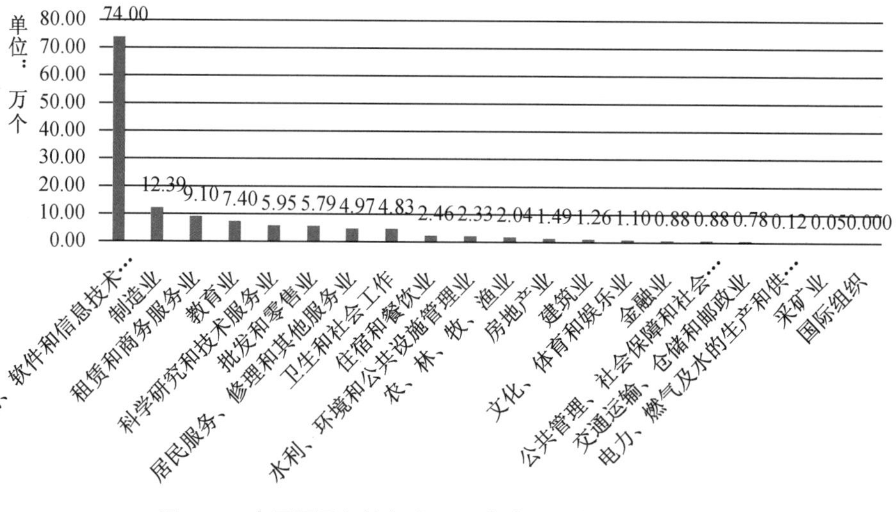

图 3-1 中国国民经济行业 ICP 备案网站数量统计

2. 按国民经济行业分类网站历年变化情况

较 2019 年底,2020 年底 ICP 备案库中可访问网站数量减少 79.92 万个,同比减少 36.70%;近 3 年呈先上升后下降的趋势。具体变化情况如图 3-2 所示。

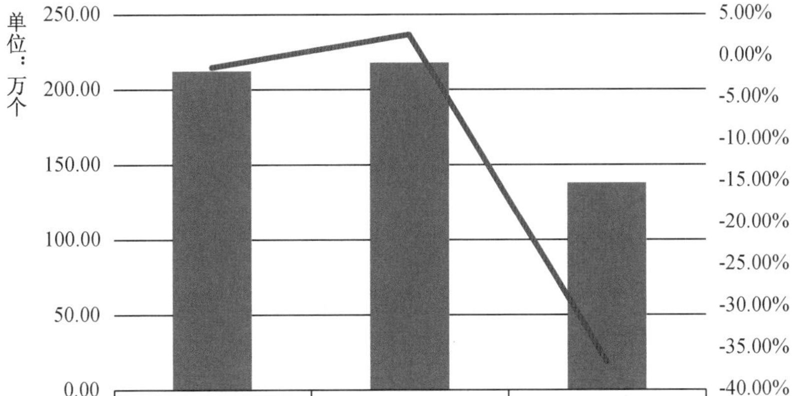

	2018年	2019年	2020年
网站数量	212.32	217.75	137.83
同比变化	-1.36%	2.56%	-36.70%

图 3-2　中国国民经济行业 ICP 备案网站总量变化情况

按照国民经济行业分类，其中数量最多的前五行业有：信息传输、软件和信息技术服务业网站，较 2019 年底增加 5.68 万个，同比增加 8.31%；制造业网站，较 2019 年底减少 31.30 万个，同比减少 71.64%；租赁和商务服务业网站，较 2019 年底减少 2.58 万个，同比减少 22.10%；教育业网站，较 2019 年底增加 0.13 万个，同比增加 1.79%；科学研究和技术服务业网站，较 2019 年底减少 4.65 万个，同比减少 43.87%。具体变化如图 3-3 所示。

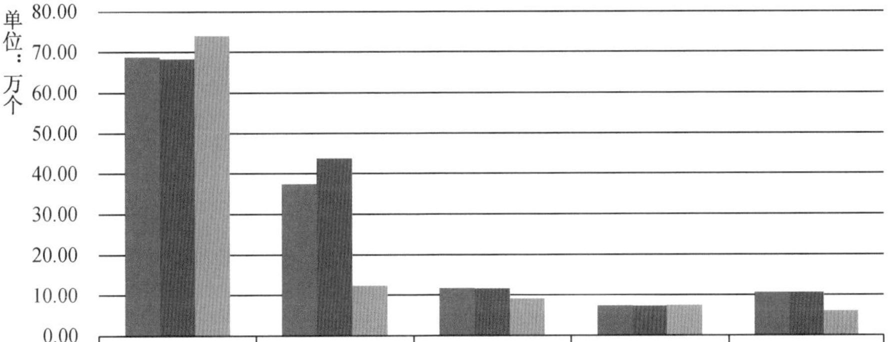

	信息传输、软件和信息技术服务业	制造业	租赁和商务服务业	教育业	科学研究和技术服务业
2018年	68.75	37.42	11.77	7.32	10.64
2019年	68.33	43.69	11.68	7.27	10.60
2020年	74.00	12.39	9.10	7.40	5.95

图 3-3　中国国民经济行业 ICP 备案网站历年变化情况

(二) 信息传输、软件和信息技术服务业网站情况

信息传输、软件和信息技术服务业是我国支柱产业,近年来得益于我国经济快速发展、政策支持、强劲的信息化投资及旺盛的IT消费等,已连续多年保持高速发展趋势,产业规模不断壮大。

1. 行业细分

细分行业来看,信息传输、软件和信息技术服务业可分为互联网和相关服务,软件和信息技术服务业,电信、广播电视和卫星传输服务3个中类。

截至2020年底,可访问ICP备案网站中,互联网和相关服务网站61.93万个,占比83.69%;软件和信息技术服务业网站10.32万个,占比13.95%;电信、广播电视和卫星传输服务网站1.75万个,占比2.36%。如图3-4所示。

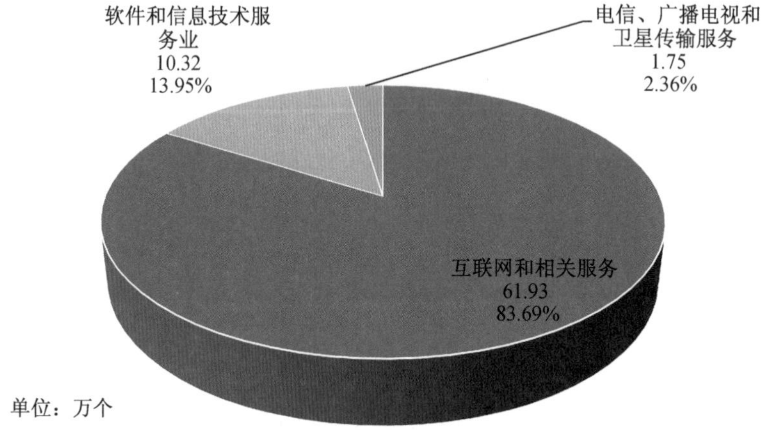

图3-4 信息传输、软件和信息技术服务业网站统计

2. 地区分布

信息传输、软件和信息技术服务业网站主办单位分布最多的是广东省,为14.24万个,占比17.70%。排名第2至5位的地区分别是北京市、江苏省、上海市、山东省,最少的是西藏自治区,为316个。

3. 主体性质

信息传输、软件和信息技术服务业网站主体性质主要是企业、个人、事业单位、社会团队、政府机关等11类,其中企业网站比例高达82.26%,具体情况如图3-5所示。

(三) 制造业网站情况

中国正在成为全球制造业的中心,中国是制造业大国,但还不是强国,国家确定了通过信息化带动工业化的国策,推动制造企业实现制造业信息化。随着国家两化深度融合水平的进一步提高,中国制造业信息化已经迎来一个崭新的发展

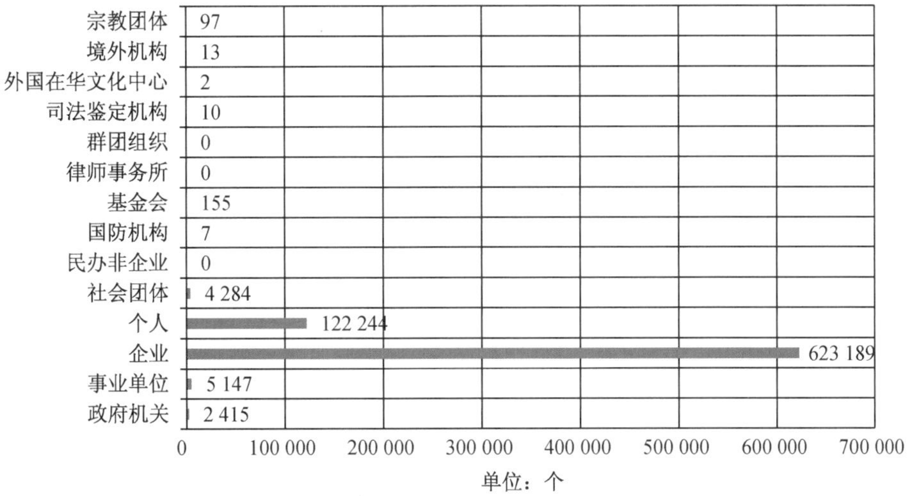

图 3-5　信息传输、软件和信息技术服务业网站主体性质分类情况

阶段。

1. 行业细分

细分行业来看，制造业可以分为：仪器仪表制造业，金属制品业，橡胶和塑料制品业，文教、工美、体育和娱乐用品制造业，纺织业，酒、饮料和精制茶制造业，纺织服装、服饰业，非金属矿物制品业，家具制造业，木材加工和木、竹、藤、棕草制品业等 31 个中类。

截至 2020 年底，可访问 ICP 备案网站中，仪器仪表制造业网站最多，为 38 423 个，占 31.01%；制造业网站数量最多的前十细分行业统计情况如图 3-6 所示。

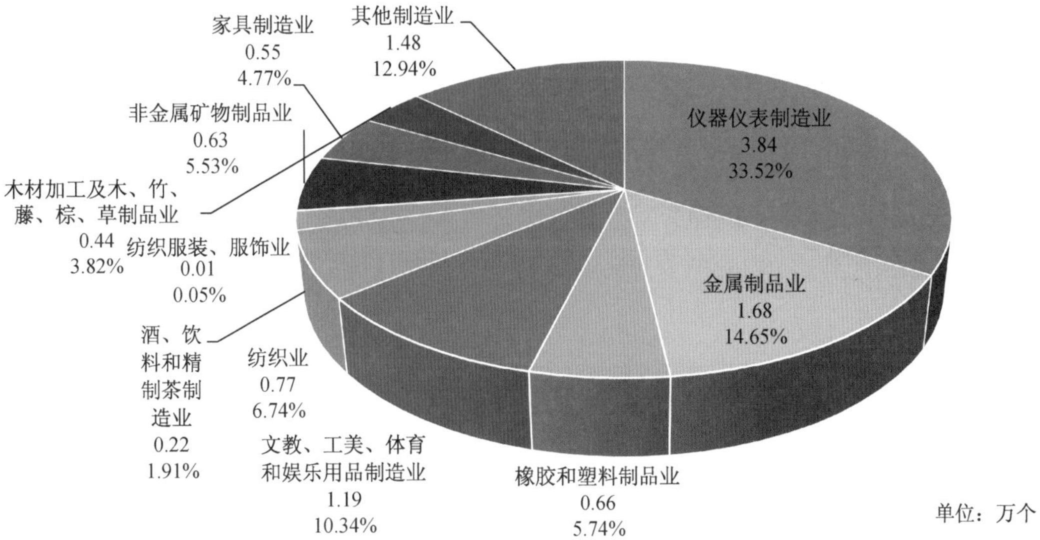

图 3-6　制造业网站统计

2. 地区分布

制造业网站主办单位分布最多的是江苏省，为 2.29 万个，占比 18.96%。排名第 2 至 5 位的地区分别是广东省、山东省、上海市、河北省。最少的是西藏自治区，为 14 个。

3. 主体性质

制造业网站主体性质主要是企业、个人、社会团队、事业单位、政府机关等 5 类，其中企业网站比例达 97.72%。具体情况如图 3-7 所示。

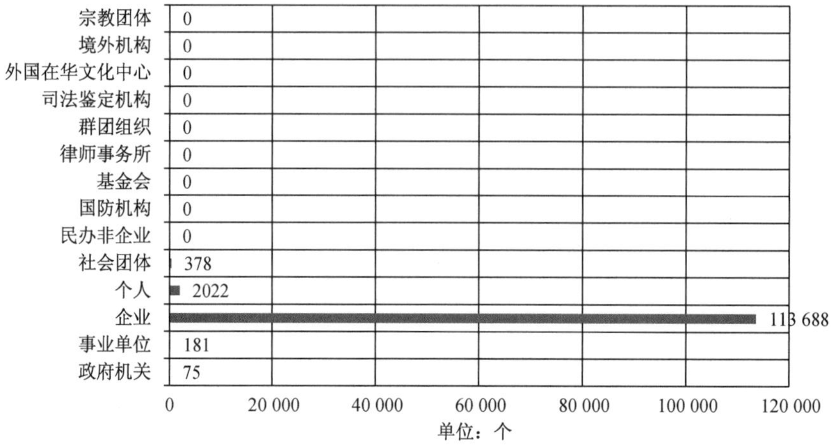

图 3-7　制造业网站主体性质情况

(四) 租赁和商务服务业网站情况

在推动供给侧改革和转型升级方面，根据不同行业发展特点、现状和问题，细化推动行业发展的指导政策，把加快推进信息化作为新型商务服务业发展的主线，利用信息通信技术及互联网平台，促进租赁和商务服务业保持健康发展。

1. 行业细分

细分行业来看，租赁和商务服务业分为商务服务业，租赁业 2 个中类。

截至 2020 年底，可访问 ICP 备案网站中，商务服务业网站 8.24 万个，占到 90.55%，租赁业网站 0.86 万个，仅占 9.45%。其行业网站统计情况如图 3-8 所示。

2. 地区分布

租赁和商务服务业网站主办单位分布最多的是广东省，为 2.08 万个，占比 17.82%。排名第 2 至 5 位的地区分别是江苏省、北京市、上海市、山东省。最少的是西藏自治区，为 76 个。

3. 主体性质

租赁和商务服务业网站主体性质主要是企业、个人、社会团队、事业单位、政府机关等 10 类，其中企业网站比例达 91.90%。具体情况如图 3-9 所示。

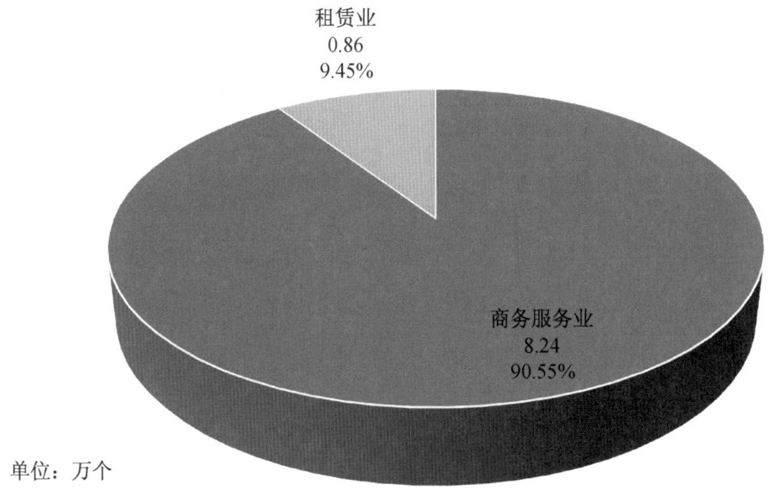

图 3-8　租赁和商务服务业网站统计

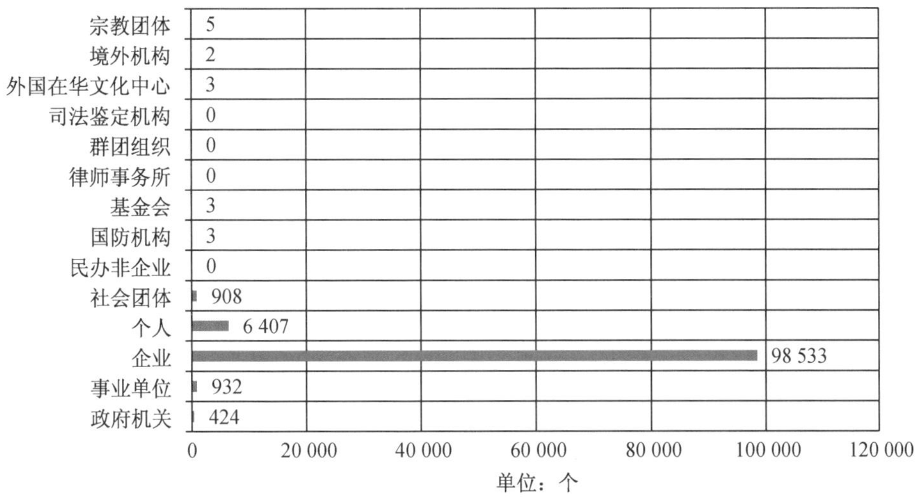

图 3-9　租赁和商务服务业网站主体性质情况

（五）教育业网站情况

2020 年，受新冠肺炎疫情影响，教育信息化进一步深化落实，众多机构及资本进入在线教育领域，推动更多用户获得公平、个性化的教学与服务。各类机构加速布局，在线教育网站数量增长明显。

1. 行业细分

细分行业来看，教育业只有教育 1 个中类。

截至 2020 年底，可访问 ICP 备案网站中，教育网站 7.40 万个，其行业网站统计情况如图 3-10 所示。

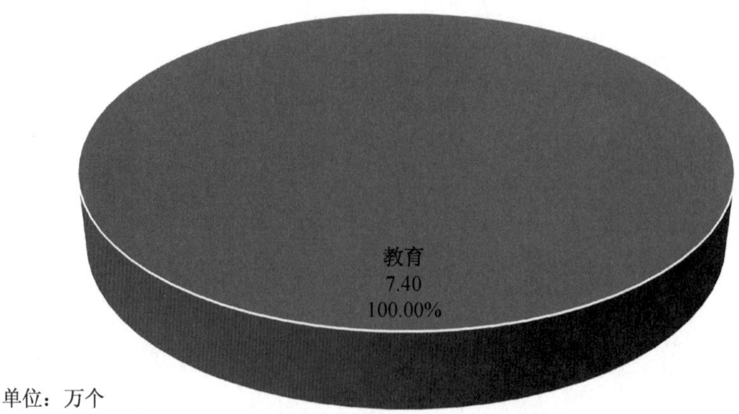

图 3-10　教育业网站统计

2. 地区分布

教育业网站主办单位分布最多的是北京市，为 1.63 万个，占比 13.89%。排名第 2 至 5 位的地区分别是广东省、江苏省、上海市、四川省。最少的是西藏自治区，为 41 个。

3. 主体性质

教育业网站主体性质主要是企业、个人、事业单位、社会团队、政府机关等 11 类，其中企业网站比例达 79.86%。具体情况如图 3-11 所示。

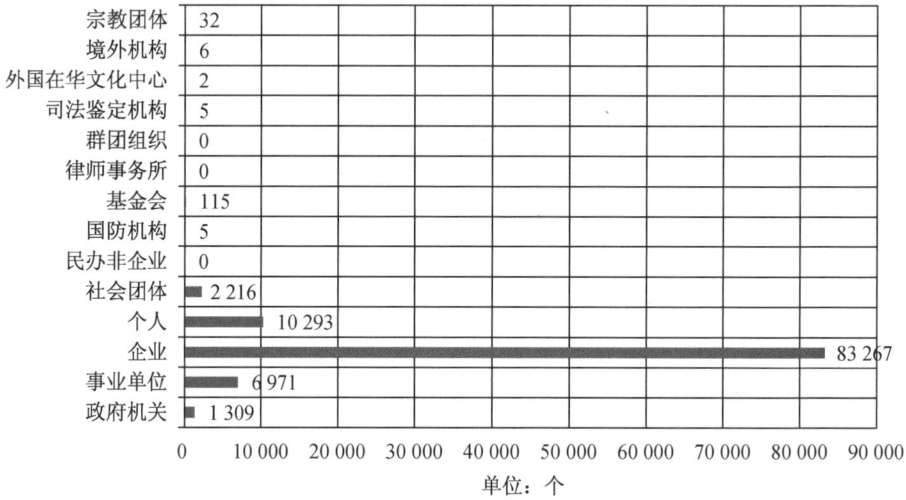

图 3-11　教育业网站主体性质情况

(六) 科学研究和技术服务业网站情况

随着我国经济发展进入新常态，新一轮科技革命和产业变革蓬勃兴起，科学研究和技术服务业应不断解放思想，加大投入力度，向创新纵深推进。

1. 行业细分

细分行业来看，科学研究和技术服务业可以分为科技交流和推广服务业、研究和试验发展、专业技术服务业 3 个中类。

截至 2020 年底，可访问 ICP 备案网站中，研究和试验发展网站 4.01 万个，占 67.28%；专业技术服务业网站 1.51 万个，占 25.34%；科技交流和推广服务业网站 0.44 万个，占 7.38%。其行业网站统计情况如图 3-12 所示。

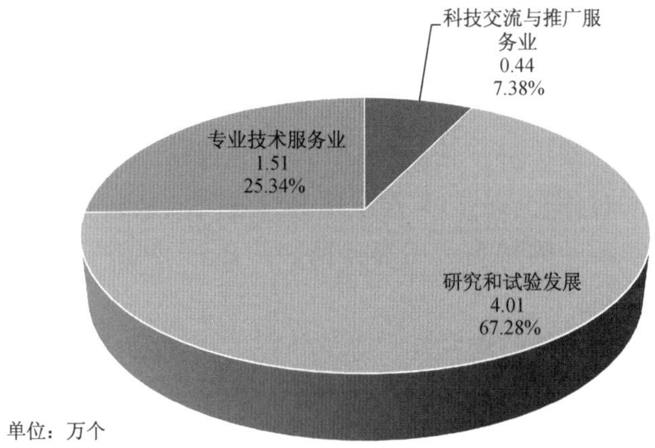

图 3-12　科学研究和技术服务业网站统计

2. 地区分布

科学研究和技术服务业网站主办单位分布最多的是广东省，为 0.94 万个，占比 15.95%。排名第 2 至 5 位的地区分别是江苏省、北京市、上海市、山东省。最少的是西藏自治区，为 29 个。

3. 主体性质

科学研究和技术服务业网站主体性质主要是企业、个人、事业单位、社会团队、政府机关等 10 类，其中企业网站比例达 91.47%。具体情况如图 3-13 所示。

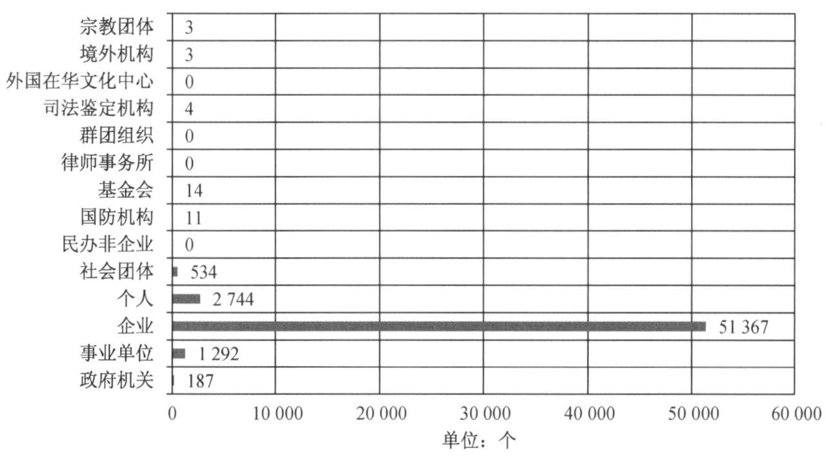

图 3-13　科学研究和技术服务业网站主体性质情况

第四部分　中国网站安全概况

一、中国网络安全总体态势情况

2020年,全球突发新冠肺炎疫情,抗击疫情成为各国紧迫的任务。不论是在疫情防控相关工作领域,还是在远程办公、教育、医疗及智能化生产等生产生活领域,大量新型互联网产品和服务应运而生,在助力疫情防控的同时也进一步推进社会数字化转型。与此同时,安全漏洞、数据泄露、网络诈骗、勒索病毒等网络安全威胁日益凸显,有组织、有目的的网络攻击形势愈加明显,为网络安全防护工作带来更多挑战。

我国持续加强网络安全监测发现和应急处置工作,组织应急演练,并不断加强网络安全法治体系建设。中央网信办发布《关于做好个人信息保护利用大数据支撑联防联控工作的通知》;全国人大常委会法制工作委员会就《数据安全法(草案)》和《个人信息保护法(草案)》征求意见,进一步强调对数据安全和个人信息的保护;《密码法》正式施行,是我国密码领域的综合性、基础性法律。

国家互联网应急中心(以下简称"CNCERT")在我国互联网宏观安全态势监测的基础上,结合各类安全威胁、事件信息以及网络安全威胁治理实践,对2020年我国互联网网络安全状况进行了全面分析和总结,总结出如下七个突出的特点。

(一) 我国网络安全法律法规体系日趋完善,网络安全威胁治理成效显著

1. 我国网络安全法律法规体系建设进一步完善

2020年,多项网络安全法律法规面向社会公众发布,我国网络安全法律法规体系日臻完善。国家互联网信息办公室等12个部门联合制定和发布《网络安全审查办法》,以确保关键信息基础设施供应链安全,维护国家安全。全国人大常委会法制工作委员会就《数据安全法(草案)》和《个人信息保护法(草案)》征求社会公众意见,法律将为切实保护数据安全和用户个人信息安全提供强有力的法治保障。《密码法》正式施行,规定使用密码进行数据加密、身份认证以及开展商用密码应用安全性评估成为系统运营单位的法定义务。《中共中央关于制定国民经济和社会发展第十四个五年规划和二〇三五年远景目标的建议》正式发布,提出保障国家数据安全,加强个人信息保护,全面加强网络安全保障体系和能力建设,维护水利、电力、供水、油气、交通、通信、网络、金融等重要基础设施安全。中共中央印发《法治社会建设实施纲要(2020—2025年)》,要求依法治理网络空间,推动社会治理从现实社会向网络空间覆盖,建立健全网络综合治理体系,加强依法管网、依法办网、依

法上网，全面推进网络空间法治化，营造清朗的网络空间。同时，国家发改委、工业和信息化部、公安部、交通运输部、国家市场监督管理总局等多个部门，陆续出台相关配套文件，不断推进我国各领域网络安全工作顺利进行。

2. 网络安全宣传活动丰富、威胁治理成效显著

党的十八大以来，我国持续加强网络安全顶层设计，每年开展国家网络安全宣传周活动，组织丰富多样的网络安全会议、赛事等活动，不断加大网络安全知识宣传力度。2020年，CNCERT协调处置各类网络安全事件约10.3万起，同比减少4.2%。据抽样监测发现，我国被植入后门网站、被篡改网站等数量均有所减少，其中被植入后门的网站数量同比减少37.3%，境内政府网站被植入后门的数量大幅下降，同比减少64.3%；被篡改的网站数量同比减少45.9%。在主管部门指导下，CNCERT持续开展对被用于进行DDoS攻击的网络资源（以下简称“攻击资源”）治理工作，境内可被利用的攻击资源稳定性降低，被利用发起攻击的境内攻击资源数量持续控制在较低水平，有效降低了发起自我国境内的攻击流量，从源头上持续遏制DDoS攻击事件。根据外部报告，全年我国境内DDoS攻击次数减少16.16%，攻击总流量下降19.67%①；僵尸网络控制端数量在全球的占比稳步下降至2.05%②。

（二）APT组织利用社会热点、供应链攻击等方式持续对我国重要行业实施攻击，远程办公需求增长扩大了APT攻击面

1. 利用社会热点信息投递钓鱼邮件的APT攻击行动高发

境外“白象”“海莲花”“毒云藤”等APT攻击组织以“新冠肺炎疫情”“基金项目申请”等相关社会热点及工作文件为诱饵，向我国重要单位邮箱账户投递钓鱼邮件，诱导受害人点击仿冒该单位邮件服务提供商或邮件服务系统的虚假页面链接，从而盗取受害人的邮箱账号密码。1月，“白象”组织利用新冠肺炎疫情相关热点，冒充我国卫生机构对我国20余家单位发起定向攻击；2月，“海莲花”组织以“H5N1亚型高致病性禽流感疫情”“冠状病毒实时更新”等时事热点为诱饵对我国部分卫生机构发起“鱼叉”攻击。“毒云藤”组织长期利用伪造的邮箱文件共享页面实施攻击，获取了我国百余个单位的数百个邮箱的账户权限。

2. 供应链攻击成为APT组织常用攻击手法

APT组织多次对攻击目标采用供应链攻击。例如，新冠肺炎疫情防控下的远程办公需求明显增多，虚拟专用网络（VPN）成为远程办公人员接入单位网络的主要技术手段之一。在此背景下，部分APT组织通过控制VPN服务器，将木马文件伪装成VPN客户端升级包，下发给使用这些VPN服务器的重要单位。经监测发现，东亚区域APT组织以及“海莲花”组织等多个境外APT组织通过这一方式对

---

① 相关数据来源于中国电信云堤、绿盟科技联合发布的《2020 DDoS攻击态势报告》。

② 相关数据来源于卡巴斯基公司《DDoS Attacks in Q4 2020》。

我国党政机关、科研院所等多个重要行业单位发起攻击,造成较为严重的网络安全风险。2020 年底,美国爆发 SolarWinds 供应链攻击事件,包括美国有关政府机构及微软、思科等大型公司在内的大量机构受到影响。

3. 部分 APT 组织网络攻击工具长期潜伏在我国重要机构设备中

为长期控制重要目标从而窃取信息,部分 APT 组织利用网络攻击工具,在入侵我国重要机构后长期潜伏,这些工具功能强大、结构复杂、隐蔽性高。3 月至 7 月,“响尾蛇”组织隐蔽控制我国某重点高校主机,持续窃取了多份文件;9 月,在我国某研究机构服务器上发现“方程式”组织使用的高度隐蔽网络窃密工具,结合前期该机构主机被控情况,可以推断,最早可追溯至 2013 年,“方程式”组织就已开始对该研究机构实施长期潜伏攻击。

(三) App 违法违规收集个人信息治理取得积极成效,但个人信息非法售卖情况仍较为严重,联网数据库和微信小程序数据泄露风险较为突出

1. App 违法违规收集个人信息治理取得积极成效

App 违法违规收集使用个人信息乱象的治理持续推进,取得积极成效。截至 2020 年底,国内主流应用商店可下载的在架活跃 App 达到 267 万款,安卓、苹果 App 分别为 105 万款、162 万款。为落实《网络安全法》,进一步规范 App 个人信息收集行为,保障个人信息安全,国家互联网信息办公室会同工业和信息化部、公安部、市场监管总局持续开展 App 违法违规收集使用个人信息治理工作,对存在未经同意收集、超范围收集、强制授权、过度索权等违法违规问题的 App 依法予以公开曝光或下架处理;研究起草了《常见类型移动互联网应用程序必要个人信息范围规定(征求意见稿)》并面向社会公开征求意见,规定了地图导航、网络约车、即时通信等常见类型 App 的必要个人信息范围。

2. 公民个人信息未脱敏展示与非法售卖情况较为严重

CNCERT 监测发现涉及身份证号码、手机号码、家庭住址、学历、工作信息等敏感个人信息暴露在互联网上,全年仅 CNCERT 就累计监测发现政务公开、招考公示等平台未脱敏展示公民个人信息事件 107 起,涉及未脱敏个人信息近 10 万条。此外,中心全年累计监测发现个人信息非法售卖事件 203 起,其中,银行、证券、保险相关行业用户个人信息遭非法售卖的事件占比较高,约占数据非法交易事件总数的 40%;电子商务、社交平台等用户数据和高校、培训机构、考试机构等教育行业通讯录数据分别占数据非法交易事件总数的 20%和 12%。

3. 联网数据库和微信小程序数据泄露风险问题突出

CNCERT 持续推进数据安全事件监测发现和协调处置工作,全年累计监测并通报联网信息系统数据库存在安全漏洞、遭受入侵控制,以及个人信息遭盗取和非法售卖等重要数据安全事件 3 000 余起,涉及电子商务、互联网企业、医疗卫生、校外培训等众多行业机构。分析发现,使用 MySQL、SQL Server、Redis、PostgreSQL

等主流数据库的信息系统遭攻击较为频繁。其中，数据库密码爆破攻击事件最为普遍，占比高达48%，数据库遭删库、拖库、植入恶意代码、植入后门等事件时有发生，数据库存在漏洞等风险情况较为突出。

近年来，微信小程序（以下简称"小程序"）发展迅速，但也暴露出较为突出的安全隐患，特别是用户个人信息泄露风险较为严峻。CNCERT从程序代码安全、服务交互安全、本地数据安全、网络传输安全、安全漏洞五个维度，对国内50家银行发布的小程序进行了安全性检测，结果显示，平均一个小程序存在8项安全风险，在程序源代码暴露关键信息和输入敏感信息时未采取防护措施的小程序数量占比超过90%；未提供个人信息收集协议的超过80%；个人信息在本地储存和网络传输过程中未进行加密处理的超过60%；少数小程序则存在较严重的越权风险。

（四）漏洞信息共享与应急工作稳步深化，但历史重大漏洞利用风险仍然较大，网络安全产品自身漏洞问题引起关注

1. 漏洞信息共享与应急工作稳步推进

国家信息安全漏洞共享平台（以下简称"CNVD"）全年新增收录通用软硬件漏洞数量创历史新高，达20 704个，同比增长27.9%，近五年来新增收录漏洞数量呈显著增长态势，年均增长率为17.6%。全年开展重大突发漏洞事件应急响应工作36次，涉及办公自动化系统（OA）、内容管理系统（CMS）、防火墙系统等；开展了对约3.1万起漏洞事件的验证和处置工作；及时向社会公开发布影响范围广、需终端用户尽快修复的重大安全漏洞公告26份，有效化解重大安全漏洞可能引发的安全风险。

2. 历史重大漏洞利用风险依然较为严重，漏洞修复工作尤为重要和紧迫

经抽样监测发现，利用安全漏洞针对境内主机进行扫描探测、代码执行等的远程攻击行为日均超过2 176.4万次。根据攻击来源IP地址进行统计，攻击主要来自境外，占比超过75%。攻击者所利用的漏洞类型主要覆盖网站侧、主机侧、移动终端侧，其中攻击网站所利用的典型漏洞为Apache Struts2远程代码执行、Weblogic反序列化等漏洞；攻击主机所利用的典型漏洞为"永恒之蓝"、OpenSSL"心脏滴血"等漏洞；攻击移动终端所利用的典型漏洞为Webview远程代码执行等漏洞。上述典型漏洞均为历史上曾造成严重威胁的重大漏洞，虽然已曝光较长时间，但目前仍然受到攻击者重点关注，安全隐患依然严重，针对此类漏洞的修复工作尤为重要和紧迫。

3. 网络安全产品自身漏洞风险上升

CNVD收录的通用型漏洞中，网络安全产品类漏洞数量达424个，同比增长110.9%，网络安全产品自身存在的安全漏洞需获得更多关注。终端安全响应系统（EDR）、堡垒机、防火墙、入侵防御系统、威胁发现系统等网络安全防护产品多次被披露存在安全漏洞，由于网络安全防护产品在网络安全防护体系中发挥着重要作

用,且这些产品在国内使用范围较广,相关漏洞一旦被不法分子利用,可能构成严重的网络安全威胁。

(五)恶意程序治理成效明显,但勒索病毒技术手段不断升级,恶意程序传播与治理对抗性加剧

1. 计算机恶意程序感染数量持续减少,移动互联网恶意程序治理成效显现

我国持续开展计算机恶意程序常态化打击工作,2020 年成功关闭 386 个控制规模较大的僵尸网络,近五年来我国感染计算机恶意程序的主机数量持续下降,并保持在较低感染水平,年均减少率为 25.1%。为从源头上治理移动互联网恶意程序,有效切断传播源,CNCERT 重点协调国内已备案的 App 传播渠道开展恶意 App 下架工作,2014 年到 2020 年期间下架数量分别为 3.9 万个、1.7 万个、8 910 个、8 364 个、3 578 个、3 057 个、2 333 个,恶意 App 下架数量持续保持逐年下降趋势。

2. 勒索病毒的勒索方式和技术手段不断升级

勒索病毒持续活跃,全年捕获勒索病毒软件 78.1 万余个,较 2019 年同比增长 6.8%。近年来,勒索病毒逐渐从"广撒网"转向定向攻击,表现出更强的针对性,攻击目标主要是大型高价值机构。同时,勒索病毒的技术手段不断升级,利用漏洞入侵过程以及随后的内网横向移动过程的自动化、集成化、模块化、组织化特点愈发明显,攻击技术呈现快速升级趋势。勒索方式也持续升级,勒索团伙将被加密文件窃取回传,在网站或暗网数据泄露站点上公布部分或全部文件,以威胁受害者缴纳赎金,例如我国某互联网公司就曾遭受来自勒索团伙 Maze 实施的此类攻击。

3. 采用 P2P 传播方式的联网智能设备恶意程序异常活跃

P2P 传播方式是恶意程序的传统传播手段之一,具有传播速度快、感染规模大、追溯源头难的特点,Mozi、Pinkbot 等联网智能设备恶意程序家族在利用该传播方式后活动异常活跃。据抽样监测发现,我国境内以 P2P 传播方式控制的联网智能设备数量非常庞大,达 2 299.7 万个。全年联网智能设备僵尸网络控制规模增大,部分大型僵尸网络通过 P2P 传播与集中控制相结合的方式对受控端进行控制。为净化网络安全环境,CNCERT 组织对集中式控制端进行打击,但若未清理恶意程序,受感染设备之间仍可继续通过 P2P 通信保持联系,并感染其他设备。随着更多物联网设备不断投入使用,采用 P2P 传播的恶意程序可能对网络空间产生更大威胁。

4. 仿冒 App 综合运用定向投递、多次跳转、泛域名解析等多种手段规避检测

随着恶意 App 治理工作持续推进,正规平台上恶意 App 数量逐年呈下降趋势,仿冒 App 已难以通过正规平台上架和传播,转而采用一些新的传播方式。一些不法分子制作仿冒 App 并通过分发平台生成二维码或下载链接,采取"定向投递"等方式,通过短信、社交工具等向目标人群发送二维码或下载链接,诱骗受害人下

载安装。同时,还综合运用下载链接多次跳转、域名随机变化、泛域名解析等多种技术手段,规避检测,当某个仿冒 App 下载链接被处置后,新的传播链接立即生成,以达到规避检测的目的,增加了治理难度。

(六) 网页仿冒治理工作力度持续加大,但因社会热点容易被黑产利用开展网页仿冒诈骗,以社会热点为标题的仿冒页面骤增

1. 通过加强行业合作持续开展网页仿冒治理工作

为有效防范网页仿冒引发的危害,CNCERT 围绕针对金融、电信等行业的仿冒页面进行重点处置,全年共协调国内外域名注册机构关闭仿冒页面 1.7 万余个;对于其他仿冒页面,通过中国互联网网络安全威胁治理联盟(CCTGA)联合国内 10 家浏览器厂商通过协同防御试点方式,在用户访问钓鱼网站时进行提示拦截,全年提示拦截次数达 3.9 亿次。

2. 仿冒 ETC 页面井喷式增长

2019 年以来,电子不停车收费系统(ETC)在全国大力推广,ETC 页面直接涉及个人银行卡信息。不法分子通过仿冒 ETC 相关页面,骗取个人银行卡信息。2020 年 5 月以来,以“ETC 在线认证”为标题的仿冒页面数量呈井喷式增长,并在 8 月达到峰值,有 5.6 万余条,占针对我国境内网站仿冒页面总量的 91%。此类仿冒页面承载 IP 地址多位于境外,不法分子通过“ETC 信息认证”“ETC 在线办理认证”“ETC 在线认证中心”等不同页面内容诱骗用户提交姓名、银行账号、身份证号、手机号、密码等个人隐私信息,致使大量用户遭受经济损失。

3. 针对网上行政审批的仿冒页面数量大幅上涨

受新冠肺炎疫情影响,大量行政审批转向线上。2020 年底,出现大量以“统一企业执照信息管理系统”为标题的仿冒页面,仅 11 月至 12 月即监测发现此类仿冒页面 5.3 万余条。不法分子通过该类页面诱骗用户在仿冒页面上提交真实姓名、银行卡号、卡内余额、身份证号、银行预留手机号等信息。此外,监测还发现大量以“核酸检测”“新冠疫苗预约”等为标题的仿冒页面,其目的在于非法获取用户姓名、住址、身份证号、手机号等个人隐私信息。

(七) 工业领域网络安全工作不断强化,但工业控制系统互联网安全风险仍较为严峻

1. 监管要求、行业扶持和产业带动成为网络安全在工业领域不断落地和深化的三大动力

随着等保 2.0 标准正式实施,公安部制定出台《贯彻落实网络安全等级保护制度和关键信息基础设施安全保护制度的指导意见》,建立并实施关键信息基础设施安全保护制度。为满足监管要求和行业网络安全保障需求,国家相关主管部门加大对重点行业网络安全政策和资金扶持力度,工控安全行业蓬勃发展。为行业量

身定做的、具有实际效果的安全解决方案得到更多认可，如电网等较早开展工控安全的行业，已逐步从合规性需求向效果性需求转变。除外围安全监测与防护，核心软硬件的本体安全和供应链安全日益得到重视。

2. 工业控制系统互联网侧安全风险仍较为严峻

监测发现，我国境内直接暴露在互联网上的工控设备和系统存在高危漏洞隐患占比仍然较高。在对能源、轨道交通等关键信息基础设施在线安全巡检中发现，20%的生产管理系统存在高危安全漏洞。与此同时，工业控制系统已成为黑客攻击利用的重要对象，境外黑客组织对我国工控视频监控设备进行了针对性攻击。2月，针对存在某特定漏洞工控设备的恶意代码攻击持续半个月之久，攻击次数达6 700万次，攻击对象包含数十万个 IP 地址。为有效降低工业控制系统互联网侧的安全风险，各相关行业需加大资金投入力度，提升工控设备漏洞安全监测能力，加强处置力度，从而及时消除互联网侧安全风险暴露点。

二、网站安全监测数据统计报告

CNCERT 历年来持续开展对网站篡改、网站漏洞、网站后门、网页仿冒的监测工作，给出针对网站服务器、网站用户的网络攻击威胁统计数据。同时，CNCERT 针对上述网站安全攻击威胁持续开展相关处置工作，针对党政机关和重要行业单位开展事件通报，并就公共互联网安全环境和网站安全环境开展专项治理工作。

（一）网页篡改监测情况

按照攻击手段，网页篡改可以分成显式篡改和隐式篡改两种。通过显式网页篡改，黑客可炫耀自己的技术技巧，或达到声明自己主张的目的。隐式篡改一般是在被攻击网站的网页中植入被链接到色情、诈骗等非法信息的暗链中，以助黑客谋取非法经济利益。黑客为了篡改网页，一般需提前知晓网站的漏洞，提前在网页中植入后门，并最终获取网站的控制权。

1. 中国网站遭受篡改攻击态势

2020 年，我国境内被篡改的网站数量为 100 484 个(去重后)，较 2019 年的185 573个显著降低。篡改数量降低的原因，是由于我国政府部门开展对网站篡改行为的持续打击和整治的专项行动。2020 年我国境内被篡改网站的月度统计情况如图 4-1 所示。2020 年全年，CNCERT 持续开展对我国境内网站被植入暗链情况的治理，组织全国分中心持续开展网站黑链、网站篡改事件的处置工作。

从网页被篡改的方式来看，我国被篡改的网站中以植入暗链方式被攻击的超过 50%。从域名类型来看，2020 年我国境内被篡改的网站中，代表商业机构的网站(.com)最多，占 73.8%，其次是网络组织类(.net)网站和非营利组织类(.org)网站，分别占 5.2%和 1.7%，政府类(.gov)网站和教育机构类(.edu)网站分别占比0.5%和 0.1%。对比 2019 年，我国政府类网站的被篡改比例基本持平。2020 年我

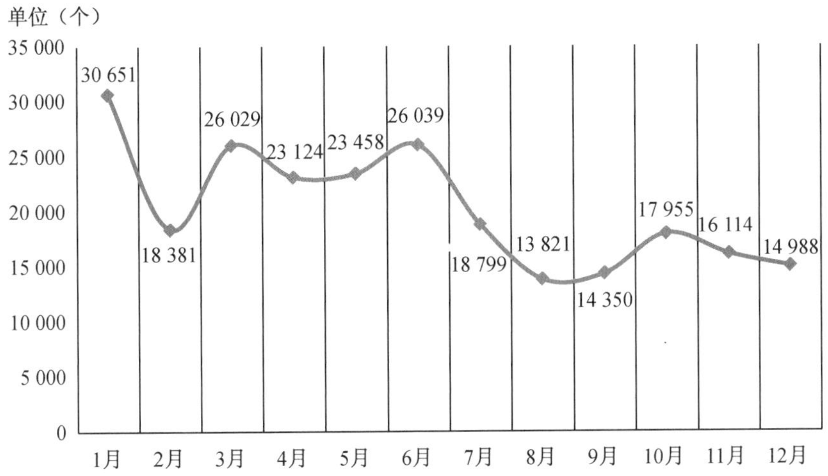

图 4-1　2020 年我国境内被篡改的网站数量(按月度统计)

国境内被篡改网站按域名类型分布如图 4-2 所示。

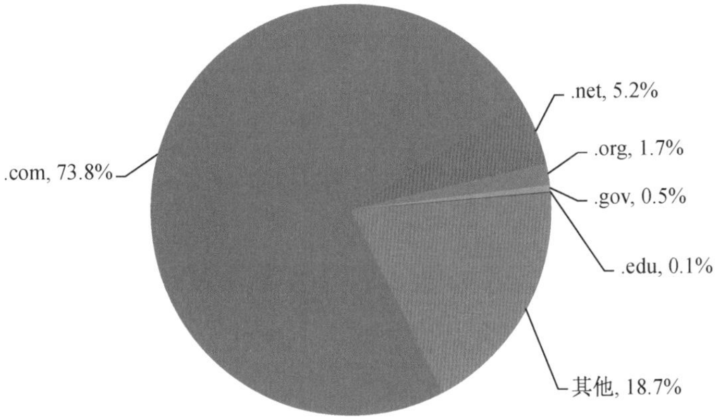

图 4-2　2020 年我国境内被篡改网站(按域名类型分布)

如图 4-3 所示，2020 年我国境内被篡改网站数量按地域进行统计，前 10 位的地区分别是：北京市、山东省、广东省、浙江省、河南省、江苏省、上海市、四川省、陕西省和福建省。前 10 位的地区与 2019 年总体基本保持一致。以上均为我国互联网发展状况较好的地区，互联网资源较为丰富，总体上发生网页篡改的事件次数较多。

2. 政府网站篡改数量下降，受到暗链植入攻击威胁仍不容忽视

2020 年，我国境内政府网站被篡改数量为 494 个(去重后)，较 2019 年的 515 个下降 4.1%。2020 年我国境内被篡改的政府网站数量和其占被篡改网站总数比例按月度统计如图 4-4 所示，可以看到，政府网站被篡改数量及占被篡改网站总数比例保持在 0.6%以下，安全态势较为平稳。

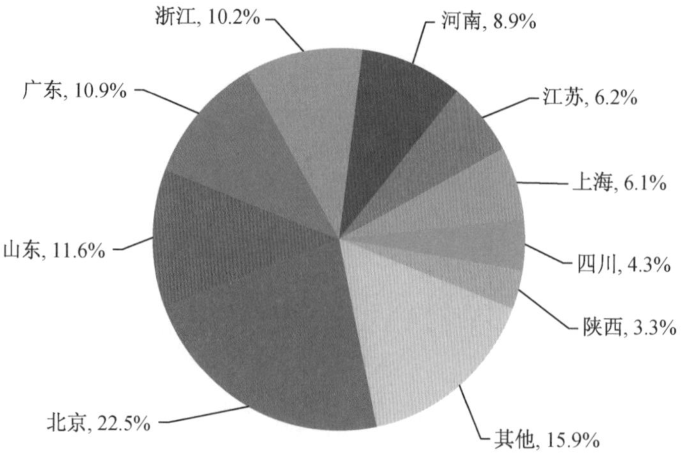

图 4-3　2020 年我国境内被篡改网站(按地域分布)

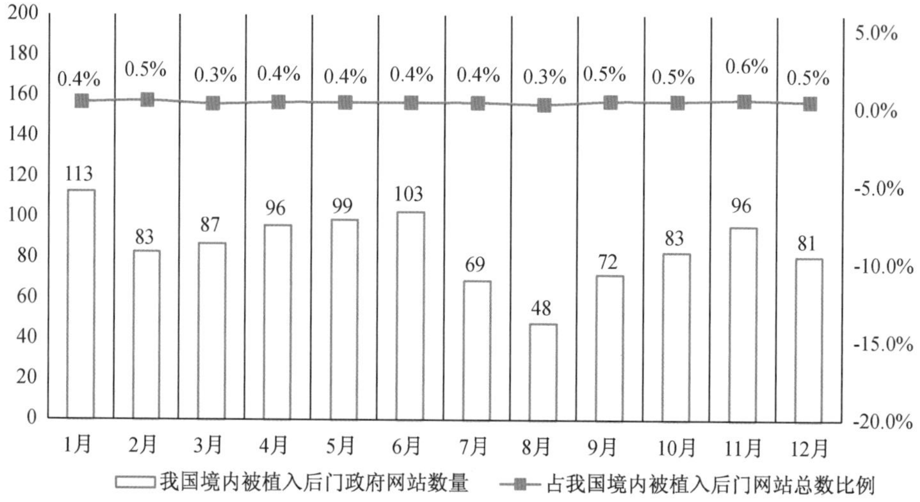

图 4-4　2020 年我国境内被篡改的政府网站数量和所占比例(按月度统计)

(二) 网站漏洞监测情况

网站服务器承载操作系统、数据库、应用软件以及 Web 应用等构成网站信息系统的主要组成部分，网站信息系统还包括承载网站域名解析服务的 DNS 系统。大多数针对网站的篡改和后门攻击等网络安全威胁都是由网站信息系统所存在的安全漏洞诱发的。

1. 通用软硬件漏洞数量上涨，零日漏洞数量增加

国家信息安全漏洞共享平台(CNVD)自 2009 年成立以来，截止至 2021 年 6 月，共收录、接收通用软硬件漏洞超过 22.5 万条，并接收各方报告的涉及具体行业具体单位信息系统的漏洞风险信息超过 67.6 万条。

2020年，国家信息安全漏洞共享平台(CNVD)共新增收录通用软硬件漏洞20 704个，较2019年漏洞收录总数环比大幅增长27.9%。其中，高危漏洞7 420个(占比35.8%)，中危漏洞10 842个(占比52.4%)，低危漏洞2 442个(占比11.8%)，各级别比例分布与月度数量统计如图4-5和图4-6所示，高危漏洞收录数量较2019年环比上涨52.2%。2020年，CNVD接收白帽子、国内漏洞报告平台以及安全厂商报送的原创通用软硬件漏洞数量占全年收录总数的34.0%。在CNVD全年收录的通用软硬件漏洞中，有16 466个漏洞可用于实施远程网络攻击，有3 855个漏洞可用于实施本地攻击，有383个漏洞可用于实施临近网络攻击。全年共收录8 902个“零日”漏洞，数量较2019年环比显著增长56.0%。

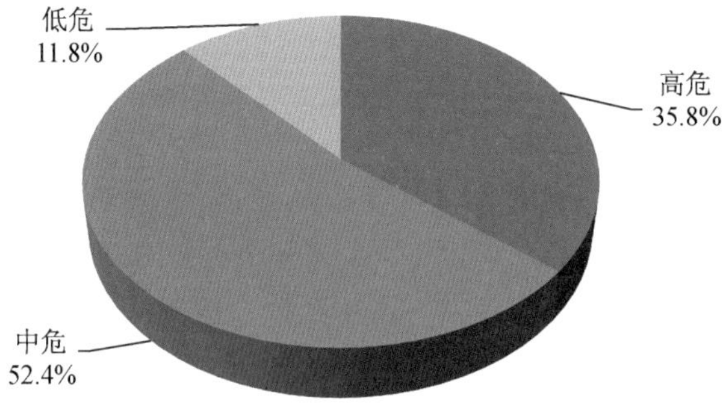

图4-5　2020年CNVD收录的漏洞(按威胁级别分布)

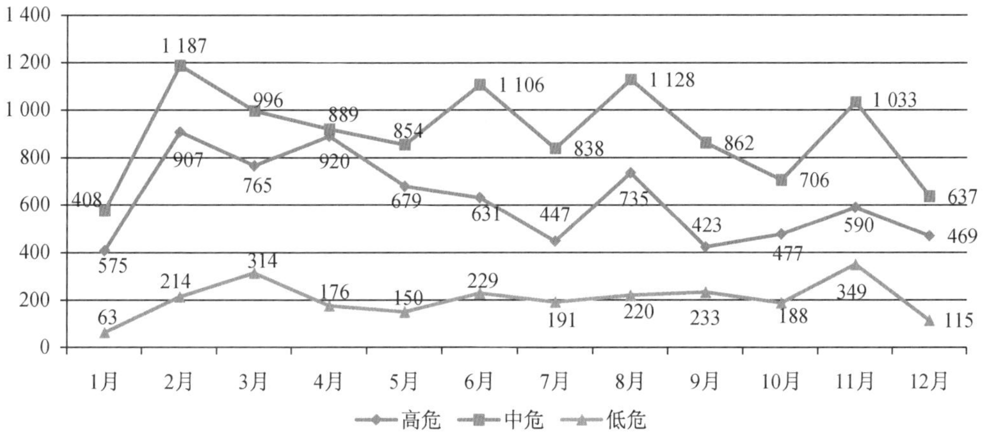

图4-6　2020年CNVD收录的漏洞数量按(月度统计)

2. 应用软件和Web应用漏洞占较大比例

2020年，CNVD收录的漏洞主要涵盖Google、Microsoft、Oracle、IBM、Cisco、Apple、Adobe、WordPress、NETGEAR和CloudBees等厂商的产品。各厂商产品中漏洞的分布情况如图4-7所示。可以看出，涉及Google产品(含操作系统、手机设备以及应用软件等)的漏洞最多，达到1 121个，占全部收录漏洞的5.4%。

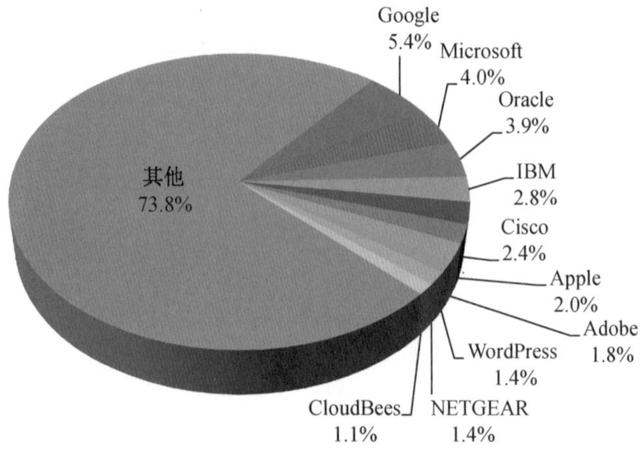

图 4-7 2020 年 CNVD 收录的高危漏洞(按厂商分布)

根据影响对象的类型,漏洞可分为应用程序漏洞、Web 应用漏洞、操作系统漏洞、网络设备漏洞(交换机、路由器等网络端设备)、智能设备漏洞(物联网终端设备)、安全产品漏洞(如防火墙、入侵检测系统等)、数据库漏洞。如图 4-8 所示,在 2020 年 CNVD 收录的漏洞信息中,应用程序漏洞占 47.9%,Web 应用漏洞占 29.5%,操作系统漏洞占 10.0%,网络设备漏洞占 7.1%,智能设备漏洞占 2.1%,安全产品漏洞占 2.1%,数据库漏洞占 1.4%。

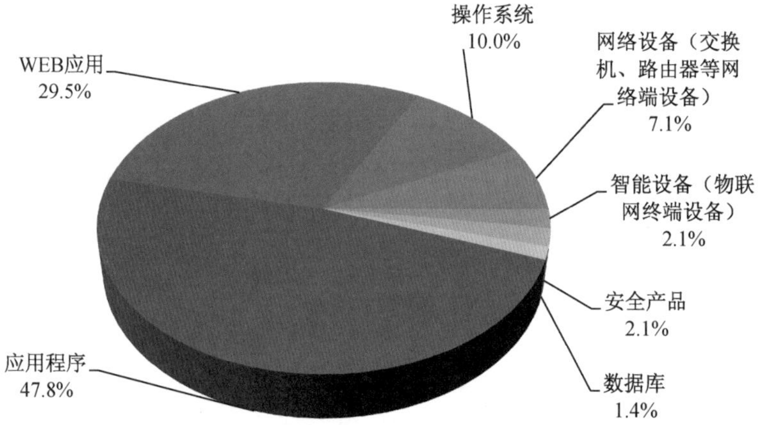

图 4-8 2020 年 CNVD 收录的漏洞(按影响对象类型分类统计)

3. 党政机关和重要行业单位网站漏洞事件态势

2020 年,国内安全研究者漏洞报告持续活跃,CNVD 依托自有报告渠道以及与奇安信网神(补天平台)、斗象科技(漏洞盒子)、上海交通大学等漏洞报告平台的协作渠道,接收和处置涉及党政机关和重要行业单位的漏洞风险事件。CNVD 通过各渠道接收到的民间漏洞报告数量统计见表 4-1。

表 4-1 2020 年 CNVD 接收的社会平台或研究者报告情况统计

接收渠道	报告数量(条)
奇安信网神(补天平台)	78 888
斗象科技(漏洞盒子)	57 613
个人白帽子	56 778
上海交大	29 307

CNVD 对接收到的事件进行核实并验证，主要依托 CNCERT 国家中心、分中心处置渠道开展处置工作，同时 CNVD 通过互联网公开信息积极建立与国内其他企事业单位的工作联系机制。2020 年，CNVD 共处置涉及我国政府部门，银行、证券、保险、交通、能源等重要信息系统部门，以及基础电信企业、教育行业等相关行业的漏洞风险事件共计 31 160 起，数量较 2019 年同比增长 6.9%。相关数据按月度统计情况统计如图 4-9 所示。

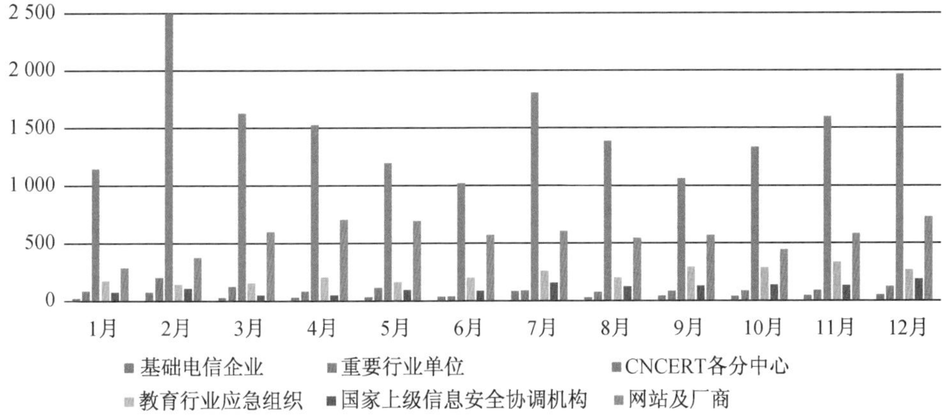

图 4-9 2020 年 CNVD 处置的漏洞风险事件数量(按月度统计)

2020 年，CNVD 自行开展漏洞事件处置 6 650 次，涉及国内外软件厂商 2 065 家(不含涉及单个信息系统风险的企业单位及事业单位)，较 2019 年 3 847 次大幅增长 72.9%。联系次数较多的厂商见表 4-2。

表 4-2 2020 年 CNVD 协调处置厂商软硬件产品次数 TOP 10

厂商名称	处置漏洞数(次)
珠海金山办公软件有限公司	168
Hancom	101
ZZCMS	87
廊坊市极致网络科技有限公司	73
淄博闪灵网络科技有限公司	71

（续表）

厂商名称	处置漏洞数(次)
研华科技(中国)有限公司	62
湖北淘码千维信息科技有限公司	61
延边州石头网络科技服务中心	56
SeaCMS	56
腾讯安全应急响应中心	55

（三）网站后门监测情况

网站后门是黑客成功入侵网站服务器后留下的后门代码。通过在网站的特定目录中上传远程控制页面，黑客可以暗中对网站服务器进行远程控制，上传、查看、修改、删除网站服务器上的文件，读取并修改网站数据库的数据，甚至可以直接在网站服务器上运行系统命令。

1. 被植入后门网站数量明显减少，政府网站后门数量大幅降低

2020 年，CNCERT 进一步提升了网站后门监测能力，监测到我国境内 53 171 个(去重后)网站被植入后门。其中政府网站数量有 256 个，较 2019 年的 717 个减少 64.3%。我国境内被植入后门网站按月度统计情况如图 4-10 所示。

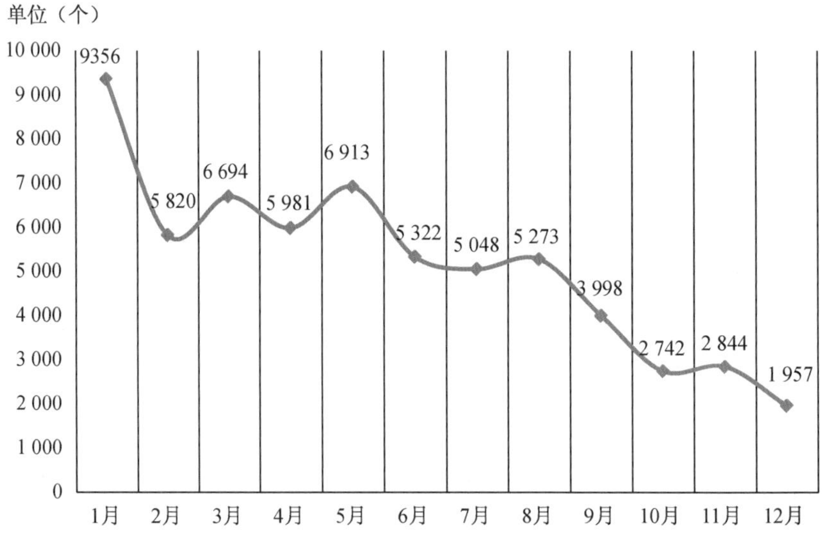

图 4-10　2020 年我国境内被植入后门的网站数量按月度统计

从域名类型来看，2020 年我国境内被植入后门的网站中，代表商业机构的网站(.com)最多，占 70.1%，其次是网络组织类(.net)网站和非营利组织类(.org)网站，分别占 3.9%和 1.2%。2020 年我国境内被植入后门的网站数量按域名类型分布如图 4-11 所示。

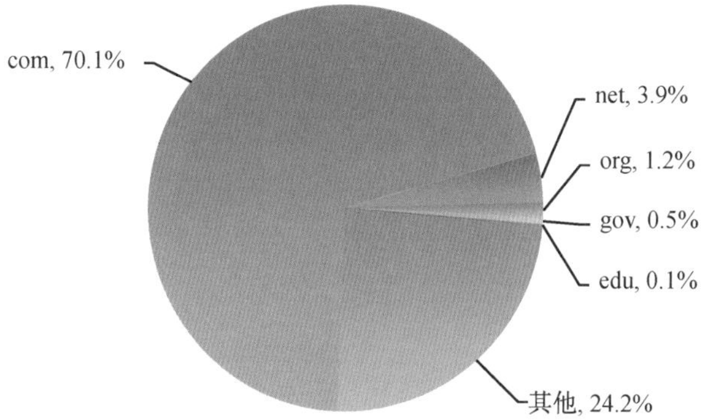

图 4-11　2020 年我国境内被植入后门的网站数量(按域名类型分布)

如图 4-12 所示,2020 年我国境内被植入后门的网站数量按地域进行统计,排名前 10 位的地区分别是:北京市、山东省、广东省、河南省、浙江省、四川省、上海市、江苏省、福建省、辽宁省。前十位地区与去年相比,辽宁省进入了前十位,江西省退出了前十位,其余省份之间仅名次略有变动,与被篡改网站地区分布类似。

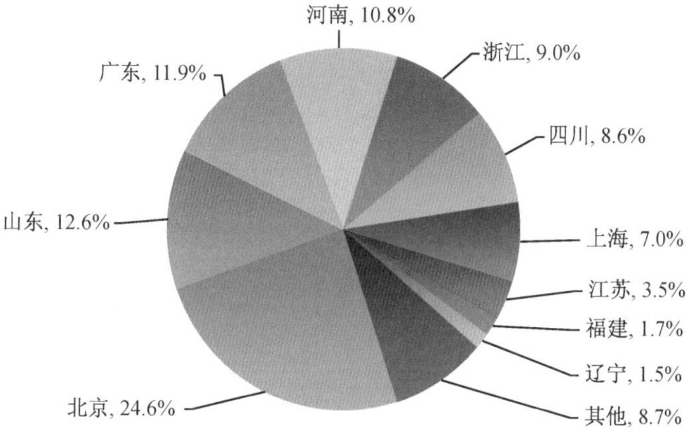

图 4-12　2020 年我国境内被植入后门的网站数量(按地区分布)

2. 后门攻击源主要来自境外 IP

在受境外攻击方面,2020 年 2.57 万余个境外 IP 地址(占全部 IP 地址总数的 97.7%)通过植入后门对境内约 5.25 万个网站实施远程控制,境外控制端 IP 地址和所控制境内网站数量分别较 2019 年下降 35.8%和 34.4%。在向我国境内网站实施植入后门攻击的 IP 地址中,菲律宾(18.9%)、美国(17.3%)和新加坡(7.0%)等国家和地区居于前三位,如图 4-13 所示。

(四) 网页仿冒(网络钓鱼)监测情况

网页仿冒俗称网络钓鱼(Phishing),是一种利用社会工程学欺骗原理与互联网技术相结合的典型应用,旨在窃取上网用户的身份信息、银行账号密码、虚拟财产

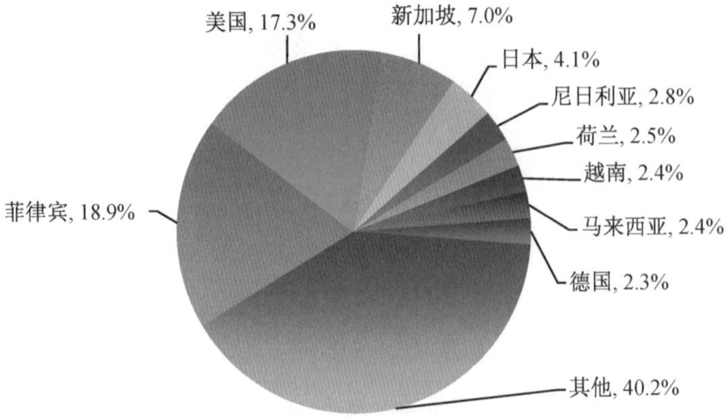

图 4-13　2020 年向我国境内网站植入后门的境外 IP 地址(按国家和地区分布)

账户等信息的网络欺骗行为。

1. 仿冒境内网站数量较往年环比大幅增长

2020 年,CNCERT 共监测发现针对我国境内网站的仿冒页面(URL 链接)220 648个,较 2019 年的 84 711 个大幅上涨 160.5%,这些仿冒页面涉及境内外 3 267个 IP 地址,较 2019 年的 7 176 个下降 54.5%,平均每个 IP 地址承载 67.5 个钓鱼页面。在这 3 267 个 IP 地址中,有 3 194 余个(97.8%)位于境外,境外 IP 地址数量较 2019 年显著下降 53.0%。

从钓鱼站点使用域名的顶级域分布来看,其以“.cn”最多,占 59.3%,其次是“.net”和“.cc”,分别占 13.7%和 11.5%。2020 年,CNCERT 抽样监测发现的钓鱼站点所用域名按顶级域分布如图 4-14 所示。

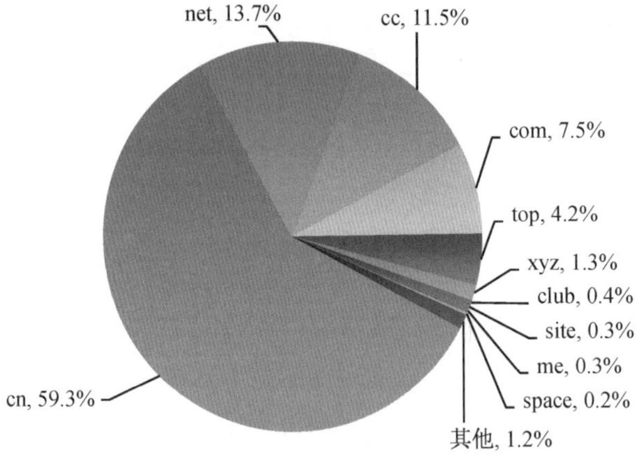

图 4-14　2020 年抽样监测发现的钓鱼站点所用域名(按顶级域分布)

2. 金融、传媒、支付类网站仍成为仿冒重点目标

仿冒网站给境内用户带来经济上的重大损失,其中一些仿冒网站抓住用户的

侥幸心理，以利诱方式诱骗互联网用户，从 2020 年被仿冒对象来看，一些具有较大知名度的传媒、电信运营商、金融、支付类机构容易成为仿冒网站仿冒的目标。其中，金融行业依然是仿冒网站的主要受害方，其数量大幅超过了排名第二的通信行业数量。

同时，还有大量网页仿冒知名媒体和互联网企业的网站页面。不法分子在这类事件中通过发布虚假中奖信息、新奇特商品低价销售信息等开展网络欺诈活动。值得注意的是，除骗取用户的经济利益外，一些仿冒页面还会套取用户的个人身份、地址、电话等信息，导致用户个人信息泄露。

（五）网络安全事件处置情况

为了能够及时响应、处置互联网上发生的攻击事件，CNCERT 通过热线电话、传真、电子邮件、网站等多种公开渠道接收公众的网络安全事件报告。对于其中影响互联网运行安全、波及较大范围互联网用户或涉及政府部门和重要信息系统的事件，CNCERT 积极协调基础电信企业、域名注册管理和服务机构以及应急服务支撑单位进行处置。

1. 网络安全事件接收情况

2020 年，CNCERT 共接收境内外报告的网络安全事件 103 109 起，较 2019 年的 107 801 起下降 4.4%。其中，境内报告的网络安全事件 102 337 起，较 2019 年下降 4.5%；境外报告的网络安全事件数量为 772 起，较 2019 年上升 30.8%。2020 年 CNCERT 接收的网络安全事件数量月度统计情况如图 4-15 所示。

2020 年，CNCERT 接收到的网络安全事件报告主要来自政府部门、金融机构、基础电信企业、互联网企业、域名注册管理和服务机构、IDC、安全厂商、网络安全组织以及普通网民等。事件类型主要包括网页仿冒、漏洞、恶意程序、网页篡改、网站后门、网页挂马、拒绝服务攻击等，具体分布如图 4-16 所示。

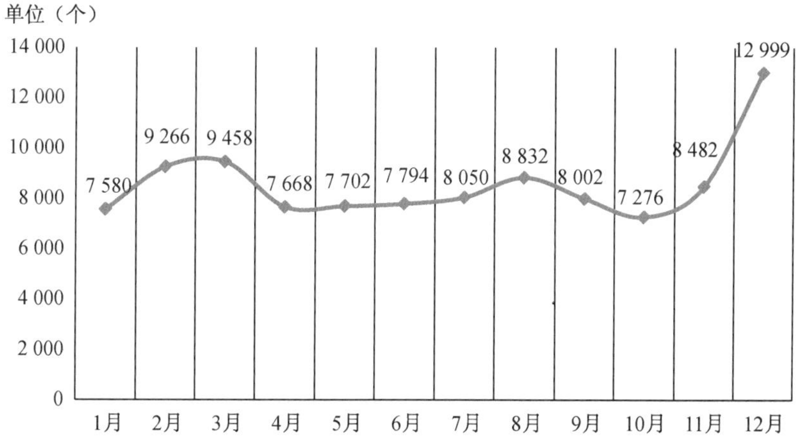

图 4-15　2020 年 CNCERT 网络安全事件接收数量月度统计

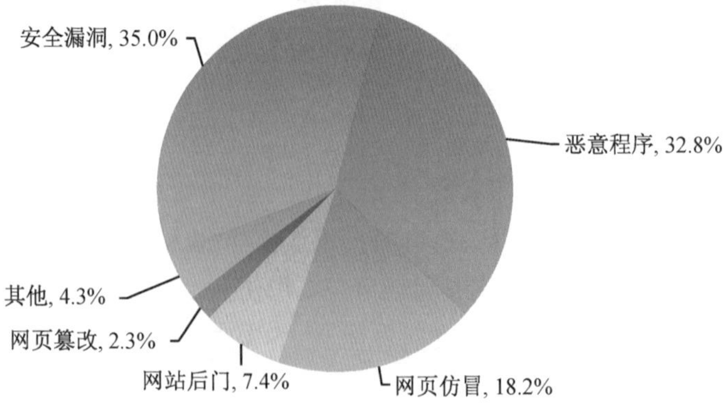

图 4-16　2020 年 CNCERT 接收到的网络安全事件(按类型分布)

2020 年,CNCERT 接收的网络安全事件数量排名前三位的依次是安全漏洞、恶意程序、网页仿冒,具体情况如下。

安全漏洞事件数量 36 122 起,较 2019 年的 33 763 起增长 7.0%,占所有接收事件的比例为 35.0%,位居首位。

恶意程序事件数量 33 819 起,较 2019 年的 27 797 起增加 21.7%,占所有接收事件的比例为 32.8%,位居第二。

网页仿冒事件 18 728 起,较 2019 年的 23 227 起下降 19.4%,占所有接收事件的比例为 18.2%,位居第三。

2. 网络安全事件处置情况

对于上述投诉以及 CNCERT 自主监测发现的事件中危害大、影响范围广的事件,CNCERT 积极进行协调处置,以消除其威胁。2020 年,CNCERT 共成功处置各类网络安全事件 103 112 起,较 2019 年的 107 624 起下降 4.2%。2020 年 CNCERT 网络安全事件处置数量的月度统计如图 4-17 所示。2020 年,CNCERT 全年共开展针对木马和僵尸网络的专项清理行动 6 次,并继续加强针对网页仿冒事件的处置工作。在事件处置工作中,基础电信企业和域名注册服务机构的积极配合,有效提高了事件处置的效率。

CNCERT 处置的网络安全事件的类型分布如图 4-18 所示。

安全漏洞事件处置数量排名居于首位,全年共处置 36 105 起,占 35.0%,较 2019 年的 33 792 起增长 6.8%,这些事件主要来源于 CNVD 收录并处置的漏洞事件。

其次是恶意程序类事件。2020 年,CNCERT 处置恶意程序类事件 33 850 起,占 32.8%,较 2019 年的 27 585 起增长 22.7%。

排名第三的是网页仿冒事件,全年共处置 18 757 起,占 18.2%。CNCERT 处置的网页仿冒事件主要来源于自主监测发现和接收用户报告(包括中国互联网协会 12312 举报中心提供的事件信息)。在处置的针对境内网站的仿冒事件中,有大

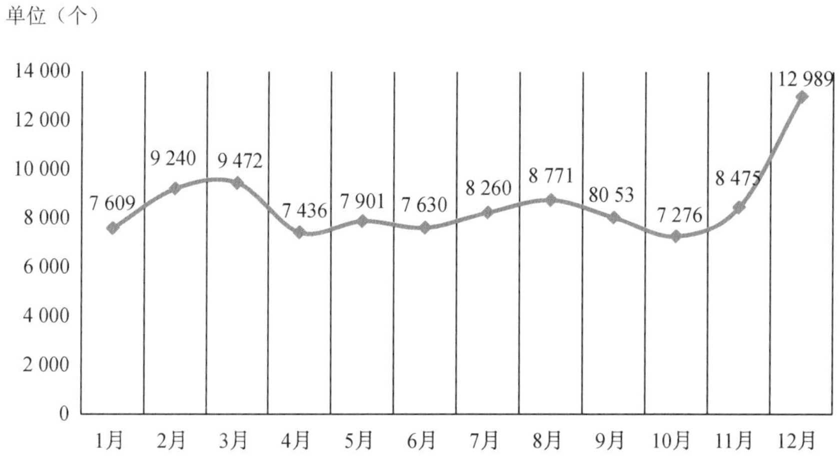

图 4-17　2020 年 CNCERT 网络安全事件处置数量月度统计

量网页仿冒境内著名金融机构和大型电子商务网站，黑客通过仿冒页面骗取用户的银行账号、密码、短信验证码等网上交易所需信息，进而窃取钱财。CNCERT 通过及时处置这类事件，有效避免普通互联网用户由于防范意识薄弱而导致的经济损失。值得注意的是，除骗取用户的经济利益外，一些仿冒页面还会套取用户的个人身份、地址、电话等信息，导致用户个人信息泄露。

此外，影响范围较大或涉及政府部门、重要信息系统的网站后门、网页篡改、拒绝服务攻击等事件也是 2020 年 CNCERT 事件处置工作的重点。

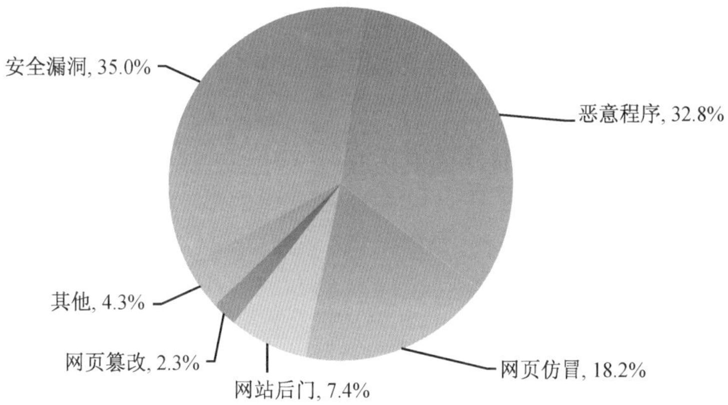

图 4-18　2020 年 CNCERT 处置的网络安全事件(按类型分布)

2020 年，CNCERT 加大公共互联网恶意程序治理力度。CNCERT 及各地分中心积极组织开展公共互联网恶意程序的专项打击和常态治理工作，加强对木马和僵尸网络等传统互联网恶意程序、移动互联网恶意程序的处置力度，以打击黑客地下产业链，维护公共互联网安全。

专项打击工作方面。CNCERT 组织基础电信企业、互联网企业、域名注册管理和服务机构、手机应用商店先后开展6次公共互联网恶意程序专项打击行动。在传统互联网方面,共成功关闭境内外386个控制规模较大的僵尸网络,成功切断黑客对近817.1万个感染主机的控制;在移动互联网方面,下架2 333个恶意APP程序。

2020年,CNCERT协调各分中心持续开展的恶意程序专项打击和常态治理行动取得良好效果,公共互联网安全环境逐步好转。

3. 网站安全漏洞典型案例

2020年,CNCERT协调处置10.3万余起网络安全事件。CNCERT梳理了部分处置的典型网站安全案例,具体如下:

(1) Apache Tomcat存在文件包含漏洞

2020年1月6日,国家信息安全漏洞共享平台(CNVD)收录了由北京长亭科技有限公司发现并报送的Apache Tomcat文件包含漏洞(CNVD-2020-10487,对应CVE-2020-1938)。攻击者利用该漏洞,可在未授权的情况下远程读取特定目录下的任意文件。目前,漏洞细节尚未公开,厂商已发布新版本完成漏洞修复。

Tomcat是Apache软件基金会Jakarta项目中的一个核心项目,作为目前比较流行的Web应用服务器,深受Java爱好者的喜爱,并得到了部分软件开发商的认可。Tomcat服务器是一个免费的开放源代码的Web应用服务器,被普遍使用在轻量级Web应用服务的构架中。

2020年1月6日,国家信息安全漏洞共享平台(CNVD)收录了由北京长亭科技有限公司发现并报送的Apache Tomcat文件包含漏洞。Tomcat AJP协议由于存在实现缺陷导致相关参数可控,攻击者利用该漏洞可通过构造特定参数,读取服务器webapp下的任意文件。若服务器端同时存在文件上传功能,攻击者可进一步实现远程代码的执行。

(2) ISC BIND存在拒绝服务漏洞

2020年5月22日,国家信息安全漏洞共享平台(CNVD)收录了DNS BIND拒绝服务漏洞(CNVD-2020-29429,对应CVE-2020-8617)。攻击者利用该漏洞,可使BIND域名解析服务崩溃。目前,该漏洞的利用代码已公开,厂商已发布新版本完成修复。

BIND(Berkeley Internet Name Domain)是由美国互联网系统协会(ISC,Internet Systems Consortium)负责开发和维护的域名解析服务(DNS)软件,是现今互联网上使用较为广泛的DNS解析服务软件。

2020年5月22日,国家信息安全漏洞共享平台(CNVD)收录了由北京知道创宇信息技术股份有限公司报送的ISC BIND拒绝服务漏洞。由于BIND代码会对TSIG资源记录消息进行正确性检查,因此攻击者可通过发送精心构造的恶意数据,使其进程在tsig.c位置触发断言失败,导致BIND域名解析服务崩溃。攻击者利用漏洞可发起拒绝服务攻击。该漏洞对互联网上广泛应用的BIND软件构建的域名服务器构成安全运行风险。

(3) Apache Spark 存在远程代码执行漏洞

2020 年 6 月 23 日，国家信息安全漏洞共享平台(CNVD)收录了由杭州安恒信息技术股份有限公司报送的 Apache Spark 远程代码执行漏洞(CNVD-2020-34445，对应 CVE-2020-9480)。攻击者利用该漏洞，可在未授权的情况下远程执行代码。目前，漏洞相关细节尚未公开，厂商已发布补丁进行修复。

Apache Spark 是专为大规模数据处理而设计的快速通用的计算引擎。Apache Spark 是一种与 Hadoop 相似的开源集群计算环境，启用了内存分布数据集，除了能够提供交互式查询外，它还可以优化迭代工作负载。Apache Spark 是在 Scala 语言中实现的，它将 Scala 用作其应用程序框架。

2020 年 6 月 23 日，国家信息安全漏洞共享平台(CNVD)收录了由杭州安恒信息技术股份有限公司报送的 Apache Spark 远程代码执行漏洞。由于 Spark 的认证机制存在缺陷，导致共享密钥认证失效。攻击者利用该漏洞，可在未授权的情况下，远程发送精心构造的过程调用指令，启动 Spark 集群上的应用程序资源，获得目标服务器的权限，实现远程代码执行。

(4) F5 BIG-IP 存在远程代码执行漏洞

2020 年 7 月 6 日，国家信息安全漏洞共享平台(CNVD)收录了 F5 BIG-IP 远程代码执行漏洞(CNVD-2020-36383，对应 CVE-2020-5902)。攻击者利用该漏洞，可在未授权的情况下远程执行代码。目前，漏洞利用代码已公开，厂商已发布补丁进行修复。

F5 BIG-IP 是美国 F5 公司一款集成流量管理、DNS、Web 应用防火墙、负载均衡等功能的应用交付平台。F5 BIG-IP 充分利用了 F5 的 TMOS 构架，改进了链路性能，同时还可提供灵活的状态检查功能。

2020 年 7 月 6 日，国家信息安全漏洞共享平台(CNVD)收录了 F5 BIG-IP 远程代码执行漏洞。由于 BIG-IP 流量管理用户界面(TMUI)存在认证绕过缺陷，导致授权访问机制失效，未经身份验证的攻击者利用该漏洞，通过向目标服务器发送恶意构造请求，可绕过授权访问页面，获得目标服务器权限，实现远程代码执行。

(5) Windows DNS Server 存在远程代码执行漏洞

2020 年 7 月 16 日，国家信息安全漏洞共享平台(CNVD)收录了 Windows DNS Server 远程代码执行漏洞(CNVD-2020-40487，对应 CVE-2020-1350)。攻击者利用该漏洞，可在未授权的情况下远程执行代码。目前，漏洞利用细节已公开，微软公司已发布官方补丁。

Microsoft Windows 是美国微软公司发布的视窗操作系统。DNS(Domain Name Server，域名服务器)是进行域名和对应 IP 地址的转换服务器。DNS 中保存了域名与 IP 地址映射关系表，以解析消息的域名。

2020 年 7 月 16 日，国家信息安全漏洞共享平台(CNVD)收录了 Windows DNS

Server 远程代码执行漏洞。未经身份验证的攻击者利用该漏洞,向目标 DNS 服务器发送恶意构造请求,可以在目标系统上执行任意代码。由于该漏洞在 Windows DNS Server 默认配置阶段即可触发,因此漏洞利用无需进行用户交互操作,存在被利用发起蠕虫攻击的可能。目前,已有公开渠道的漏洞利用模块发布,构成了蠕虫攻击威胁。

(6) Apache Struts2 存在远程代码执行漏洞(S2-061)

2020 年 12 月 8 日,国家信息安全漏洞共享平台(CNVD)收录了 Apache Struts2 远程代码执行漏洞(CNVD-2020-69833,对应 CVE-2020-17530)。攻击者利用该漏洞,可在未授权的情况下远程执行代码。目前,漏洞细节已公开,厂商已发布升级版本修复此漏洞。

Struts2 是第二代基于 Model-View-Controller(MVC)模型的 Java 企业级 Web 应用框架,成为国内外较为流行的容器软件中间件。

2020 年 12 月 8 日,Apache Strust2 发布最新安全公告,Apache Struts2 存在远程代码执行的高危漏洞(CVE-2020-17530)。由于 Struts2 会对一些标签属性的属性值进行二次解析,当这些标签属性使用了“%{x}”且“x”的值用户可控时,攻击者利用该漏洞,可通过构造特定参数,获得目标服务器的权限,实现远程代码执行攻击。

(7) Apple iOS 任意代码执行漏洞

2020 年 10 月 30 日,国家信息安全漏洞共享平台(CNVD)收录了 Apple iOS 任意代码执行漏洞(CNVD-2020-59479,对应 CVE-2020-9992)。目前,厂商已发布升级版本修复此漏洞。

Apple iOS 是美国苹果(Apple)公司的一套为移动设备所开发的操作系统。

Apple iOS 中存在安全漏洞。该漏洞源于 Apple Xcode 可能允许经过身份验证的远程攻击者在系统上执行任意代码。通过诱使目标用户打开特制文件,攻击者可以利用该漏洞在网络上的调试环节在配对设备上执行任意代码。

(8) IBM i2 Analyst's Notebook 内存破坏漏洞

2020 年 11 月 2 日,国家信息安全漏洞共享平台(CNVD)收录了 IBM i2 Analyst's Notebook 内存破坏漏洞(CNVD-2020-60085,对应 CVE-2020-4721)。目前,厂商已发布升级版本修复此漏洞。

IBM i2 Analyst's Notebook 是美国 IBM 公司的一款数据可视化分析工具。该产品支持数据存储和数据分析等功能。

IBM i2 Analyst's Notebook 9.2.0 版本和 9.2.1 版本存在内存破坏漏洞。攻击者可通过诱使受害者打开特制文件利用该漏洞在系统上执行任意代码。

(9) Google Chrome 栈缓冲区溢出漏洞

2020 年 11 月 5 日,国家信息安全漏洞共享平台(CNVD)收录了 Google Chrome 栈缓冲区溢出漏洞(CNVD-2020-60471,对应 CVE-2020-16008)。目前,

厂商已发布升级版本修复此漏洞。

Google Chrome 是美国谷歌(Google)公司的一款 Web 浏览器。

Google Chrome 86.0.4240.183 之前版本中的 WebRTC 存在栈缓冲区溢出漏洞。远程攻击者可以使缓冲区溢出并在系统上执行任意代码,或导致应用程序崩溃。

(10) WordPress 权限提升漏洞

2020 年 11 月 16 日,国家信息安全漏洞共享平台(CNVD)收录了 WordPress 权限提升漏洞(CNVD-2020-63251,对应 CVE-2020-28035)。目前,厂商已发布升级版本修复此漏洞。

WordPress 是一种使用 PHP 语言开发的博客平台,用户可以在支持 PHP 和 MySQL 数据库的服务器上架设属于自己的网站,也可以把 WordPress 当作一个内容管理系统(CMS)来使用。

WordPress 5.5.2 之前版本存在权限提升漏洞。攻击者可通过 XML-RPC 利用该漏洞获得特权。

(11) D-Link DSR-250 命令注入漏洞

2020 年 12 月 8 日,国家信息安全漏洞共享平台(CNVD)收录了 D-Link DSR-250 命令注入漏洞(CNVD-2020-72722,对应 CVE-2020-25758)。目前,厂商已发布升级版本修复此漏洞。

D-Link DSR-250 是一款具有动态 Web 内容过滤功能的 8 端口千兆 VPN 路由器。D-Link DSR-250 3.17 存在命令注入漏洞。该漏洞源于对配置文件校验和的验证不足。攻击者可利用该漏洞在上传前将任意 crontab 条目注入已保存的配置中,并以 root 权限执行条目。

(12) 若依后台管理系统存在未授权访问和文件上传漏洞

2020 年 12 月 8 日,国家信息安全漏洞共享平台(CNVD)收录了若依后台管理系统存在未授权访问和文件上传漏洞。目前,厂商尚未发布补丁修复此漏洞。

若依后台管理系统是基于 SpringBoot,Spring Security,JWT,Vue & Element 的前后端分离权限管理系统,可以用于所有的 Web 应用程序,如网站管理后台,网站会员中心,CMS,CRM,OA,等等。

若依后台管理系统存在未授权访问和文件上传漏洞,攻击者可利用该漏洞获取服务器控制权。

(13) Microsoft HEVC Video Extensions 远程代码执行漏洞

2020 年 11 月 22 日,国家信息安全漏洞共享平台(CNVD)收录了 Microsoft HEVC Video Extensions 远程代码执行漏洞(CNVD-2020-65153,对应 CVE-2020-17106)。目前,厂商已发布升级版本修复此漏洞。

Microsoft HEVC Video Extensions 是美国微软(Microsoft)公司的一个视频扩展应用程序。该应用使计算机和设备可以读取高效视频编码或 HEVC 视频。Microsoft HEVC Video Extensions 存在高危远程代码执行漏洞，攻击者可利用漏洞影响系统的可用性、完整性、可用性。

(14) Trend Micro InterScan Web Security Virtual Appliance 命令执行漏洞

2020 年 12 月 24 日，国家信息安全漏洞共享平台(CNVD)收录了 Trend Micro InterScan Web Security Virtual Appliance 命令执行漏洞(CNVD-2020-73776，对应 CVE-2020-8465)。目前，厂商已发布升级版本修复此漏洞。

Trend Micro InterScan Web Security Virtual Appliance(IWSVA)是美国趋势科技(Trend Micro)公司的一款针对基于 Web 方式的威胁为企业网络提供动态的、集成式的安全保护的 Web 安全网关。

Trend Micro InterScan Web Security Virtual Appliance 6.5 SP2 存在命令执行漏洞。攻击者可利用该漏洞以 root 用户身份执行代码。

(15) Mozilla Firefox 内存破坏漏洞

2020 年 12 月 29 日，国家信息安全漏洞共享平台(CNVD)收录了 Mozilla Firefox 内存破坏漏洞。目前，厂商已发布升级版本，修复了此漏洞。

Mozilla Firefox 是一款开源 Web 浏览器。Mozilla Firefox 存在内存破坏漏洞，远程攻击者可利用该漏洞提交特殊的 WEB 请求，诱使用户解析，可使应用程序崩溃或者以应用程序上下文执行任意代码。

第五部分　企业网站安全专题

恒安嘉新互联网诈骗安全检测情况

一、涉诈网站发现情况

2021 年上半年，恒安嘉新利用数据以及能力优势，累计对 3.7 亿域名进行了自动化研判分析，其中累计发现恶意网站 379 万个，网站类别占比情况如图 5-1 所示。目前历史总计完成了对 4.6 亿网址的分析，其中总计发现恶意网站 434 万个。

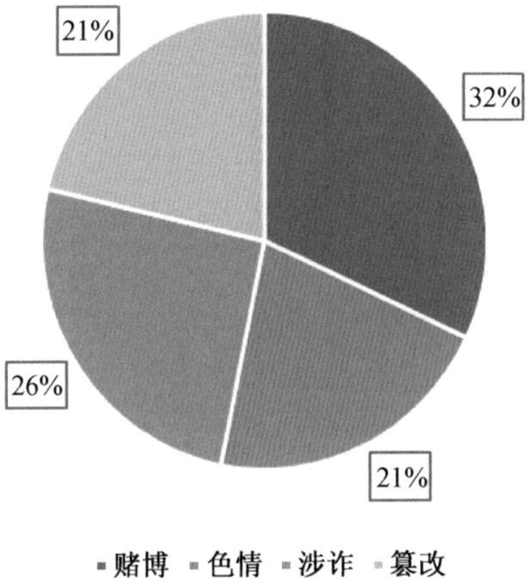

图 5-1　2021 年上半年恶意网站数量分布

2021 年上半年发现涉诈网址数量总计达 98 万条，占比 26%。较去年涉诈网址与恶意网址占比 11%比例，比例大幅度提升。从整体占比来看，互联网诈骗形势严峻。

我们完成了对境外新增域名的发现以及分析，2021 年上半年累计分析新增域名 1.1 亿，其中恶意网站数量 206 万个，其中涉诈网址数量 28 万个，占比 13%。其中色情网站 56 万个，赌博网站 75 万个，由此可见色情和赌博网站，投入使用的速度更快，涉诈网站稍显缓慢。

二、互联网诈骗类型分析

针对涉诈网页内容进行了分析，并根据其网页内容进行了简单分类，共检测到了 8 个诈骗大类、68 个诈骗小类的互联网诈骗事件。下面分别对其进行深入分析。

(一) 互联网诈骗网页大类分析

2021 年上半年全部 98 万条涉诈网站中,诱导赌博诈骗网站数量 43 万条,占比 44%,其次是刷单类诈骗数量 20 万条,占比 20%,色情类诈骗 14 万条,占比 14%,详细数据情况见图 5-2。

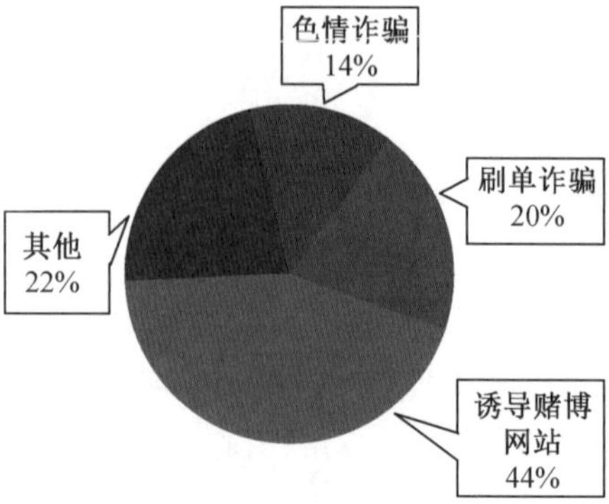

图 5-2 2021 年上半年诈骗网址大类情况图

(二) 互联网诈骗网页小类专项分析

由于赌博、色情刷单类网址对应小类类别单一,且数量巨大,对除此之外的涉诈网站进行汇总统计后,TOP 10 类别如图 5-3 所示。虚假借贷类以及虚假金融交易类数量较于去年有所增加。其中虚假借贷类受骗主题主要为在校大学生,或者初入社会不久的社会群体。而虚假金融交易类主要以"杀猪盘"的方式,活跃于社交软件中的群体,受骗较多。

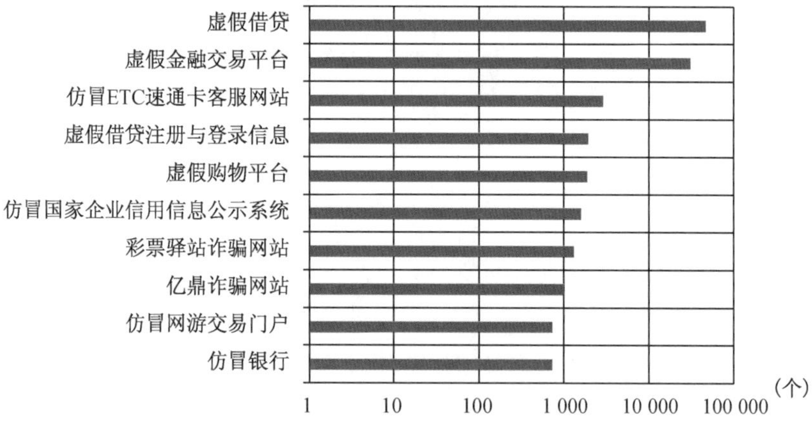

图 5-3 2021 年上半年涉诈类别 TOP10

仿冒 ETC 类诈骗网站数量也大幅度增加,2020 年全年发现仿冒 ETC 网站数量 800 个,2021 年上半年已经发现 2 800 个仿冒 ETC 类诈骗网站(如图 5-4 所示),增长

250%。除去仿冒 ETC 外,仿冒政府类型网站还有少量仿冒公检法(如图 5-5 所示)、仿冒国家企业信用信息公示系统。目前常见的仿冒银行类数据较去年有所下降。

图 5-4　仿冒 ETC 类

图 5-5　仿冒公检法类

结合总体数据来看,大多数类别数量都有比较显著的增加,对贷款、理财等增速较快的网站应该对其提升研判、打击能力。

三、涉诈网站解析情况分析

恒安嘉新对所有检测到的恶意网站的解析地址进行了整理收集,其中主要位置集中于中国,其次是美国,第三是德国,还有日本、法国、荷兰、英国、新加坡、韩国、俄罗斯、加拿大等国家。详细比例如图 5-6。

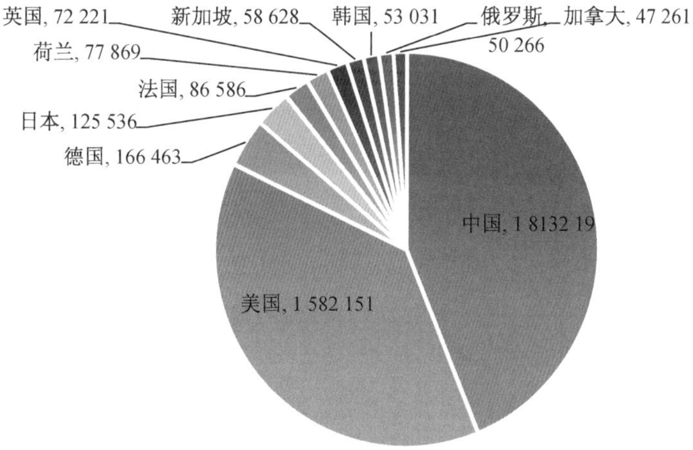

图 5-6　恶意网站解析地址分布情况

对比去年差异主要体现在中国的恶意网站数量有所增多,超过了美国去年所占整体数量。

具体国内分布情况如图 5-7 所示，主要依然集中于香港地区，其次是北京、浙江、广东等地区。

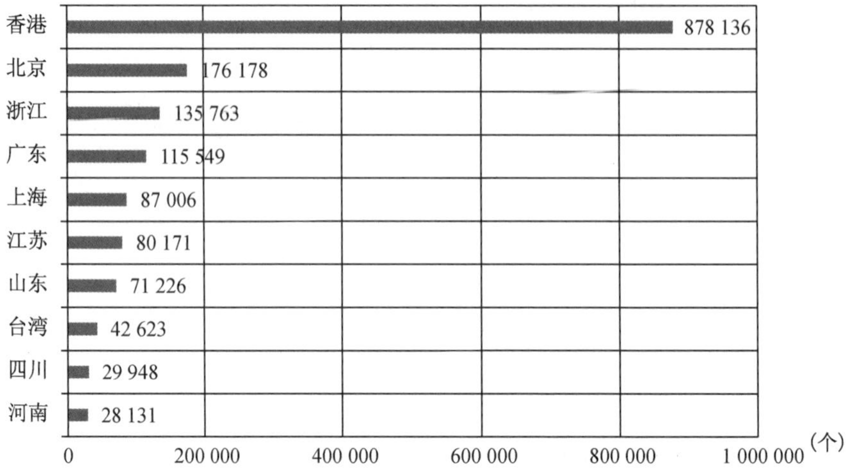

图 5-7　国内解析地址分布情况

聚集在香港的服务器中，除去 cloudinnovation 服务商外，主要是各种云服务器提供商，阿里云，以及腾讯云等，如图 5-8 所示。

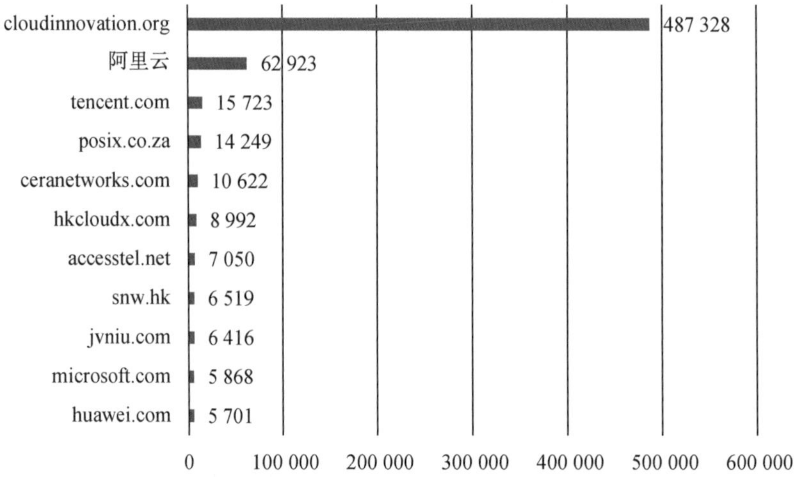

图 5-8　香港 IP 所属云服务商 TOP 11

四、涉诈网站域名分析

(一) 涉诈网站域名备案情况

对所有涉诈网站进行备案情况分析后，发现有 13 万个网站有对应的 ICP 备案，占比13%。

（二）涉诈网站域名 whois 分析

1. 注册商分布情况

对目前所有涉诈网址的 whois 地址进行分析后，发现目前 75%的域名都是来自 GoDaddy。除此之外，Alibaba 排名第三位，数量在 3 万条左右。如图 5-9 所示。

图 5-9　域名 whois 服务商情况

2. 注册邮箱分析情况

取注册邮箱数量 TOP 10 基本上全部是隐藏邮箱，详细情况见图 5-10，除此之外有少量用户邮箱未进行隐藏，总计 82 444 条，占比 6%。

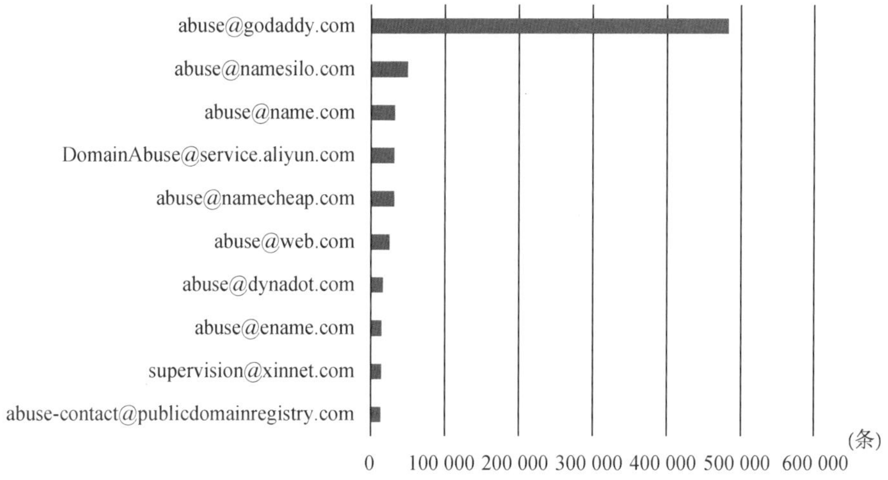

图 5-10　whois 注册邮箱 TOP 10

并且存在单一邮箱注册大量的诈骗网站域名的情况，如图 5-11 所示，可以引申出一个思路，对于同 whois 信息注册的网站的发现以及识别，也是对诈骗网站进行打击的一个途径。

五、常见互联网诈骗典型案例

随着网络经济的迅速增长，网络安全等问题也日益凸显，各类诈骗手段层出不

domain	contact_person	registrar	contact_email	contact_number	creation_time	expiration	domain_name_server	dns	status
mw23.cn	[redacted]	GoDaddy.com,LLC	[redacted]35@qq.com	NaN	2021-03-01 00:00:00	2022-03-01 00:00:00	NaN	ns67.domaincontrol.com,ns68.domaincontrol.com	clientDeleteProhibited,clientUpdateProhibited,...
fhwsnta.cn	[redacted]	GoDaddy.com,LLC	[redacted]335@qq.com	NaN	2021-02-11 00:00:00	2022-02-11 00:00:00	NaN	ns09.domaincontrol.com,ns10.domaincontrol.com	clientDeleteProhibited,clientUpdateProhibited,...
baijia56.cn	[redacted]	GoDaddy.com,LLC	[redacted]335@qq.com	NaN	2021-03-22 00:00:00	2022-03-22 00:00:00	NaN	ns21.domaincontrol.com,ns22.domaincontrol.com	clientDeleteProhibited,clientUpdateProhibited,...
bz1209mv.cn	[redacted]	GoDaddy.com,LLC	[redacted]335@qq.com	NaN	2021-02-28 00:00:00	2022-02-28 00:00:00	NaN	ns41.domaincontrol.com,ns42.domaincontrol.com	clientDeleteProhibited,clientUpdateProhibited,...
mvjnfl.cn	[redacted]	GoDaddy.com,LLC	[redacted]335@qq.com	NaN	2021-02-20 00:00:00	2022-02-20 00:00:00	NaN	ns57.domaincontrol.com,ns58.domaincontrol.com	clientDeleteProhibited,clientUpdateProhibited,...
...	...	...	...	...	...	...	...	...	...
bbppfdl.cn	[redacted]	GoDaddy.com,LLC	[redacted]335@qq.com	NaN	2021-03-15 00:00:00	2022-03-15 00:00:00	NaN	ns67.domaincontrol.com,ns68.domaincontrol.com	clientDeleteProhibited,clientUpdateProhibited,...
ogjjezi.cn	[redacted]	GoDaddy.com,LLC	[redacted]35@qq.com	NaN	2021-04-05 00:00:00	2022-04-05 00:00:00	NaN	ns53.domaincontrol.com,ns54.domaincontrol.com	clientDeleteProhibited,clientUpdateProhibited,...
2g6krhsu.cn	[redacted]	GoDaddy.com,LLC	[redacted]35@qq.com	NaN	2021-03-14 00:00:00	2022-03-14 00:00:00	NaN	ns65.domaincontrol.com,ns66.domaincontrol.com	clientDeleteProhibited,clientUpdateProhibited,...
efanmje.cn	[redacted]	GoDaddy.com,LLC	[redacted]35@qq.com	NaN	2021-03-18 00:00:00	2022-03-18 00:00:00	NaN	ns49.domaincontrol.com,ns50.domaincontrol.com	clientDeleteProhibited,clientUpdateProhibited,...
cwcgokm.cn	[redacted]	GoDaddy.com,LLC	[redacted]335@qq.com	NaN	2021-03-04 00:00:00	2022-03-04 00:00:00	NaN	ns25.domaincontrol.com,ns26.domaincontrol.com	clientDeleteProhibited,clientUpdateProhibited,...

图 5-11　同邮箱注册情况

穷，网络陷阱不断。由于互联网的开放性以及技术发展，搭建诈骗网站的成本逐渐降低，各类形形色色诈骗网站的出现频次以及危害性也不断提升。在 2021 年恒安嘉新监测的数据中，互联网类的诈骗事件占比逐年升高，从数量、波及范围、种类来看，其危险性较高，影响较大。

常见的互联网诈骗类型主要分为 4 类，即“杀猪盘”类诈骗、网络贷款类诈骗、刷单类诈骗和仿冒类诈骗。接下来分别对其进行介绍。

（一）“杀猪盘”类诈骗

“杀猪盘”，是指诈骗分子通过网络交友等方式，利用建立恋爱关系等手段，骗取受害人信任，进而诱导受害人前往指定的杀猪盘类诈骗网站进行投资、赌博的一种诈骗方式。诈骗团伙将首先建立与受害人之间的信任关系（这个过程称为“养猪”），当得到客户充分信任之后，便诱导客户访问诈骗网站，投入大额资金（这个过程称为“杀猪”）。整个诈骗过程可能持续一个月甚至几个月的周期，且一般周期越长，涉案金额越大。具体杀猪盘类诈骗网站示例见图 5-12、图 5-13。

一般来说，犯罪分子为蛊惑群众投入资金，往往采取以下手段：

“养”，犯罪分子通过网络交友等方式筛选出目标受害者，拉入聊天群或者与之建立恋爱关系。前者将在聊天群内不遗余力地营造投资必有高回报或者赌博获得巨额奖励的氛围，后者将针对目标客户精心设定人设，建立虚拟形象并与客户建立恋爱关系。

“套”，犯罪分子接下来一般将诱导受害者先投入小额的资金进行试盘，并使得受害者先期有所获益，从而打消疑虑，进一步获得受害者的信任。

“杀”，当受害者投入大额资金后，犯罪分子立刻收手，聊天群随即解散，社交软件删除好友，从此了无踪迹，常常使得受害者血本无归。

图 5-12　杀猪盘赌博类诈骗网站示例

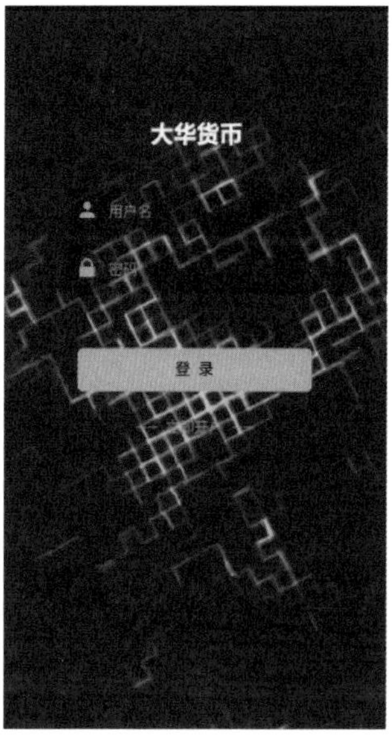

图 5-13　杀猪盘投资类诈骗网站示例

“杀猪盘”诈骗网站一般都满足四特征：“隐蔽性”“利诱性”“不特定性”“非法性”。“杀猪盘”诈骗网站一般由诈骗团伙介绍给受害者，网站多种多样，常常以前期的小额回报或者色情等手段不断诱惑受害者上钩，但网站实质上是非法的。

以下是来源于网络上的真实案例：2020 年 4 月，D 女士通过某婚恋网认识了一名自称是马来西亚华侨的陌生男子。该男子自称在 BTCC 期货交易所做高管，经常能掌握一些公司的内部资料，跟着他一起投资可以获取高额的收益。在这名男子的鼓动下，D 女士注册了该男子所说的 BTCC 投资平台，并开始充值做投资。刚开始 D 女士确实获得一些盈利。之后，该男子以投资的越多收益越高的理由，诱骗 D 女士在该投资平台充值高达百余万元。一月后，D 女士发现平台无法登录，这才发现自己被骗了。上面的这个案例就是典型的“杀猪盘”诈骗。

（二）网络贷款类诈骗

网贷诈骗主要通过欺骗的手段，让被骗者进行网贷，从而骗取他人钱财。直接搭建虚假贷款平台和假冒知名贷款 APP 平台是两种网贷诈骗的基本方式。前者不法分子通过搭建虚假贷款平台，以“秒审核”“易通过”“低息高额度”等宣传诱导消费者在诈骗网站下载 APP 并申请贷款；后者将直接假冒知名贷款 APP，以假冒的 APP 下载页面欺骗受害者下载 APP。当受害人在网贷诈骗 APP 内完成信息填写、额度审批等流程后，不法分子会以银行卡账号填写错、信誉存在问题等理由，告知受害人账户被冻结，无法打款，要求受害人缴纳“解冻费”“保证金”等，骗取受害人钱财。

网络贷款诈骗的网站主要涉及两种页面，网络贷款诈骗 APP 下载页面和在线申请贷款页面,图 5-14、图 5-15 展示了几个常见的网贷诈骗网站页面。

图 5-14　网络贷款类诈骗网站示例 1

图 5-15　网络贷款类诈骗网站示例 2

常见被仿冒的网贷类产品包括京东白条、人人贷、平安易贷、分期乐、百度有钱花、安逸花、微粒贷等。

(三) 刷单类诈骗

“刷单”是指电商为了提高销量和好评率付款请人假扮顾客购买商品的不合规行为,通过退还购物金额而实际上不发货的在线完成“空交易”。一些诈骗分子利用“兼职刷单”为幌子,以刷单过程中系统出现问题、资金被冻结等为借口,拒不退还本金,甚至要求受害者继续完成任务以“解冻资金”,从而骗取受害人的钱财。刷单诈骗正成为网上兼职的“公害”,受害群体以无业人员、大学生为主。

刷单诈骗的网站三种典型页面分别为网络刷单广告页面、刷单商品下单页和刷单诈骗 APP 下载页面,图 5-16 展示了几个常见的刷单类诈骗网站页面。

(四) 仿冒类诈骗

犯罪分子通过设计相似的网页和网址,仿冒知名网站,达到诱使其填写敏感信息、骗取受害者信任、下载恶意程序等目的,社会危害巨大。典型的仿冒网站对象包括仿冒银行、仿冒公检法和仿冒其他知名网站三种。

1. 仿冒银行

仿冒银行的诈骗网站主要涉及以下三种方式,即仿冒银行网站、仿冒银行信用卡页面、仿冒信用卡申请界面。诈骗团伙诱骗受害人访问假冒的银行网站,欺骗其填写银行卡号及密码等敏感信息。

图 5-16　刷单类诈骗网站示例

常见被仿冒网站包括招商银行、工商银行、建设银行、中国银行和北京农商银行等。

对银行页面的仿冒将使犯罪分子能够获取受害人的身份证号、银行卡号甚至银行卡密码等敏感信息，常常造成受害人信息泄露和财产损失，社会危害性较大。

图 5-17 中展示了真实的工商银行页面，其域名如下。

真实工商银行域名：https://www.icbc.com.cn/icbc/

而图 5-18 为假冒的工商银行页面，其与真实的工商银行页面具有极高的相似度，甚至拥有相似的域名，极具迷惑性。

假冒工商银行域名：https://www.icbc.com.cn.bk-bj.com/myicbc.html

图 5-17　真实工商银行页面

图 5-18　假冒工商银行页面

2. 仿冒公检法

仿冒银行的诈骗网站主要包含各类公检法官网的仿冒页面,诈骗分子通过拨打受害人电话、发送邮件、短信等方式,声称受害人涉及某类型案件,为了进一步获取受害人信任,诈骗团伙会发送假冒的公检法网站网址,要求受害人在网站上进行查询。受害者在仿冒网站上看到相关假的案件信息后,诈骗分子即通过话术一步步地诱骗受害人输入个人银行卡信息,甚至下载木马软件,对受害人的电脑进行远程控制,盗取受害人电脑上的敏感信息。

图 5-19 中展示了真实的最高人民检察院页面,而图 5-20 为假冒的最高人民检察院页面,二者具有极高的相似度,极具迷惑性。

图 5-19　真实检察院页面

图 5-20　假冒检察院页面

3. 仿冒其他知名网站

仿冒微信的诈骗网站主要涉及以下两种方式,仿冒微信安全中心或者以认证身份为由,诱导受害者输入银行卡相关信息。仿冒微信可能骗取受害者的银行卡号甚至银行卡密码、支付密码等信息,常常造成受害人信息泄露和财产损失,同样具有较高的社会危害性。图 5-21 展示了仿冒微信安全中心的页面。

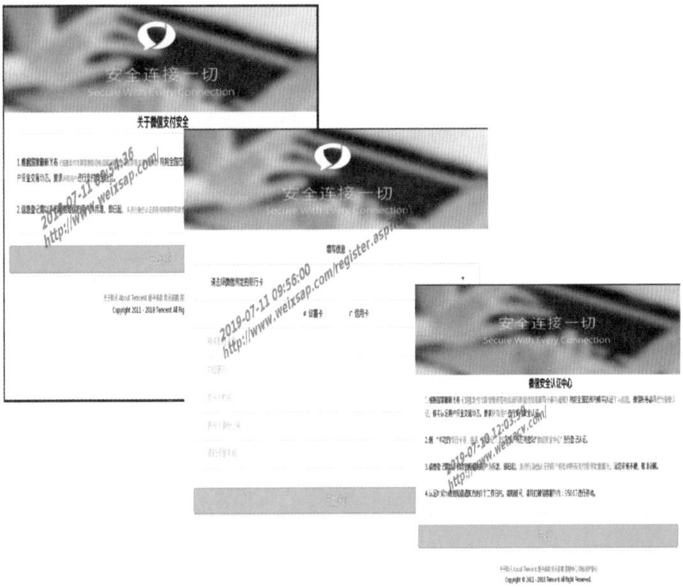

图 5-21　仿冒微信安全中心的页面

而对 QQ 的假冒诈骗涉及仿冒 QQ 登录页面、仿冒 QQ 跨应用(网站)登录页面和仿冒 QQ 安全中心等,其示例图如图 5-22 所示。

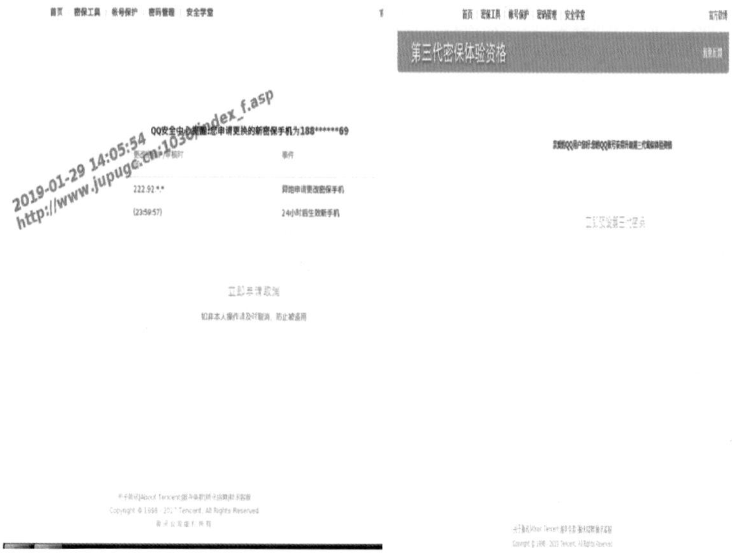

图 5-22 仿冒 QQ 安全中心的页面

腾讯公司关于零信任与网络安全的报告

（2021年7月2日）

当前，数字技术和应用的快速发展推动着企业数字化转型升级，也加快了数字信息化和产业数字化进程，这些改变给数字经济带来了新的安全挑战和风险。随着端点和应用的交叉融合，安全边界的逐渐模糊使得网络环境越来越复杂，网络威胁也逐渐从传统的单个黑客单点攻击转变为系统化、有组织的持续攻击。外部攻击和内部威胁也越来越激烈。面对严峻的安全形势和新的安全要求，用于周边保护的传统网络安全架构不再适用。基于零信任的新一代网络安全保护措施和理念自然应运而生。以零信任建立信任已成为重塑安全边界的关键。

一、总体情况——全球零信任进展：零信任加速部署

1. 快速实施的新兴概念

零信任作为基于动态身份验证和授权的安全框架，带来了访问控制的颠覆性创新，引导安全系统架构从“以网络为中心”向“以身份为中心”的演进升级。2004年，零信任概念正式提出；2011年，谷歌推出 BeyondCorp 计划，开始实施并使用基于设备、用户、动态访问控制和行为感知策略的零信任模型。零信任受到政府和行业的高度重视，其行业应用已初步形成。Gartner 预测，到2021年，60%的企业将逐步淘汰大部分远程接入虚拟专用网（vpn），转而使用 ZTNA，到2022年，80%向生态系统合作伙伴开放的新数字业务应用程序将通过 ZTNA 访问。

2. 中美标准加快制定

随着后疫情时代的开始，中美双方都将零信任作为未来网络安全发展的最重要方向之一。一方面，美国许多政府部门一直在加速实施零信任应用。2019年，美国技术与产业咨询委员会（ACT-IAC）发布了《零信任网络安全当前趋势》，对零信任的技术成熟度和可用性进行了全面评估。国防创新委员会（DIB）发布了“零信任之路”和“零信任架构（ZTA）建议”，将零信任确定为重中之重。美国国家标准协会（ANSI）及相关机构加快制定零信任标准和实践指南，2020年正式发布《零信任架构》和《实施零信任架构》。2021年，美国国家安全局（NSA）发布《拥抱零信任安全模型》，建议在美国国家安全系统、国防部、国防工业基地等所有关键网络和系统中使用零信任安全模型。另一方面，我国也在推动制定多层次零信任标准。2019年，工信部称：“COVID-19大流行使远程工作成为新常态，其安全性和效率受到高度重视，为零信任安全概念和相关产品开创了新时代。根据2021年 Gartner CIO 调查，64%的员工现在可以居家工作，五分之二的人实际上是居家工作。”企业网络与互联网用户和设备交互的需求不断增加，企业数据和应用不再局限于私有网络，传统的外围安全面临严峻考验。零信任机制具有身份信息集中管

理、账户数据与身份数据快速互联、基于策略的访问控制、多因素认证(MFA)、安全审计等特点,可帮助企业解决安全和效率挑战。还有就是远程工作。疫情正在加速企业对零信任技术和产品的探索和实践:据统计,疫情期间,多所高校使用腾讯 iOA 零信任解决方案,保障留学生远程学习的顺利进行。经过十多年的发展,零信任现在迎来了一个很好的机遇期,作为应对已知和未知安全威胁以及在新的网络环境中构建内生安全机制的关键突破。

二、网络安全挑战:边界消除导致更广泛的攻击面

企业数字化转型和云化已成为工业互联网发展的大趋势。传统的企业防护边界逐渐被拆除,平台、业务、用户、端点越来越多样化,边界的消除导致攻击面逐步扩大,带来更多的安全风险,如图 5-23 所示。今年 5 月 9 日,美国政府宣布 17 个州进入紧急状态,原因是当地最大的燃油管道运营商遭受勒索软件攻击,黑客组织 2 个小时盗取了 100 G 数据。这一事件再次说明加强某个环节的安全不能解决全部问题,如何构建完整的网络安全体系是实现组织角色、价值角色、能力角色进阶的关键。

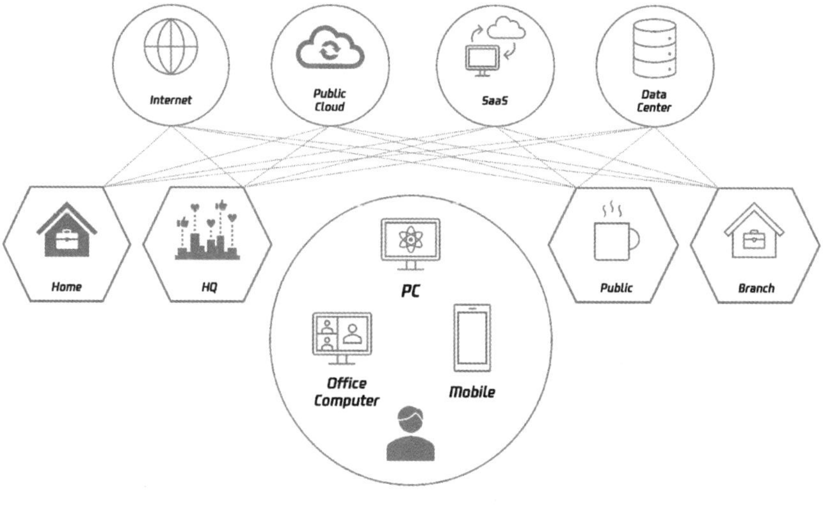

图 5-23　多端点多场景接入的安全风险增加

传统网络安全架构难以全面应对新的安全风险,面临六大安全挑战:

1. 网络边界模糊

传统的安全理念主要基于网络边界的构建,通常认为网络边界内的事物是安全的。这种模式可以更好地为企业在业务发展单一的情况下提供安全保障。但是,随着业务的多元化和分支机构的快速增加,业务和数据的出口会越来越多,企业的网络边界不再是唯一的,员工的安全意识和能力开始变得参差不齐,企业的曝光度不断扩大。在这种趋势下,传统的网络边界正在模糊甚至被打破,在增加企业网络管理难度的同时,也带来了更多的安全隐患。

2. 复杂的访问

移动互联网的飞速发展，推动了移动办公的进一步普及和移动业务系统等企业端点安全组件的多样化。一方面，不同厂商的终端设备种类繁多，一些企业允许员工操作自带设备(BYOD)，因此，接入设备的多样性和接入地址的随机性导致更高的管理成本和更大的OPS难度。另一方面，终端安全管理处于碎片化状态，管理效果和用户体验较差，极大地影响了业务效率，带来了更多风险。研究表明，59%的受访企业曾经经历过由员工、供应商或合作伙伴造成的数据泄露。

3. 缺乏联系

企业内部一般部署了大量的安全组件，但这些组件之间没有信息共享和安全联动机制，缺少统一的安全架构，本质上使整个安全系统处于碎片化状态，导致低安全效率。太多的端口暴露在互联网上，缺乏合理的管理机制和方法。研究分析表明，多方安全事件造成的经济损失是单方事件的13倍。

4. 攻击系统化

如今，以勒索软件和高级持续性威胁(APT)为代表的攻击手段仍然是企业面临的主要威胁。攻击者不仅注重攻击技术的改进，更注重攻击的战略和组织手段；通过攻击企业供应链上下游的开放边界，他们寻找网络安全保护的薄弱环节。很多企业虽然建立了大规模的防护体系，但在攻防不对称的背景下，其网络安全实践仍然承受着巨大的压力。

5. 内部攻击

传统的安全实践采用全方位的边界安全模型，内部可信区域内的服务器相互信任。通常，企业对员工的内部访问权限缺乏细粒度的控制，而给企业造成巨大损失的往往是员工的蓄意破坏、未授权访问和错误操作。

6. 不适用于基于云的工作

近年来云计算的蓬勃发展已经初见成效。越来越多的企业正在将其业务系统云化，各种用户以不同的方式连接到企业网络。传统安全模式下，企业需要设立专线，在网络规划、策略维护、安全运维等方面投入人力资源，成本高，但对大多数上云企业意义不大；因此，传统的安全模式已不再适用于技术和行业趋势。

三、零信任带来的创新：先进的安全概念和角色

作为安全概念和角色的进步，零信任机制假设网络边界内部或外部的任何主体(用户/设备/应用程序)在进行身份验证之前都是不可信的。因此，需要在不断验证和授权的基础上建立动态访问信任。关键是在身份安全的基础上进行细粒度的动态访问控制和安全保护。零信任是一种策略和框架，它促使在以下三个方面培养网络安全概念和角色的高级思维：

1. 重塑网络组织角色

零信任理念促使企业和员工重新思考自身的安全防护角色以及相应的技术、

流程和规范。通过零信任构建的端点、身份、应用和链路的核心安全能力，对端点访问过程进行持续的访问控制和安全保护，实现端点设备对企业资源和数据的安全、稳定、高效的访问。任何网络环境，有助于构建更安全可靠的组织角色，进行系统化、流程化的安全管理。

2. 巩固网络安全价值作用

通过对现有安全风险和应对的概念和角色的转变，零信任帮助企业创造价值，夯实网络安全基础。一方面，可以利用零信任来合理部署安全堆栈，减少由于技术原因造成的数据过载、响应延迟和管理复杂性，从而使员工能够跟上传入的警报和通知，提高运营效率和准确性，并变得更具响应性。另一方面，零信任不需要完全替换现有的安全基础设施；相反，它使用现有技术来支持其实施并巩固现有的网络安全能力。

3. 构建智能安全能力角色

通过集成安全技术栈，零信任实现精细化、智能化的安全防护，提升安全团队的工作效率。通过对主体的分层访问控制，不仅实现了动态最小特权原则，而且在攻击链的各个阶段都抵御了攻击威胁。这样，当企业识别出影响访问过程中涉及的关键对象的安全风险时，自身的安全检测就可以对用户、设备和访问权限发起阻断，从而缩小业务暴露，提高安全性，构建智能安全功能。

基于上述零信任安全理念和作用的推进，在零信任网络架构的建设过程中应坚持以下三个原则：

第一个原则是最少信任。默认情况下，所有用户、设备和应用程序在进入网络之前都不受信任，需要进行身份验证、授权和加密。第二个原则是泛在网络。无论是企业专用网络还是公用网络，始终充满安全风险和不确定性，因此不应基于网络位置授予安全信任。第三个原则是动态访问控制。零信任理念提倡基于更多数据和维度的身份验证，例如实时监控和分析用户访问过程中关键要素(如身份、设备和系统安全状态、访问行为)的变化以及动态调整主体访问权限(例如，中断访问、降级权限或要求再次验证)。

以腾讯为例。iOA 是腾讯自主设计开发的零信任安全解决方案。对端点访问过程进行持续的访问控制和安全保护，降低企业在不同业务场景下的风险，确保对企业公有云、私有云、本地业务的可信访问，让员工安全访问企业资源和数据，无论他们位于何处以及使用什么设备。在腾讯内部，iOA 保障了数万员工远程办公的安全，实现了对 OA 站点和内部系统、开发和 OPS 组件、登录跳转服务器的无差别远程访问。同时，也为外部客户服务。例如，对于一个拥有 3.5 万名内部员工和许多外部合作者的知名教育行业客户，腾讯创建了一个一站式零信任安全系统，具有基于云计算的企业和员工终端设备之间的安全高效连接，并确保客户对大量用户的工作需求做出快速稳定地响应，从而实现了业务安全性和工作场所生产率的提高，如图 5-24 所示。

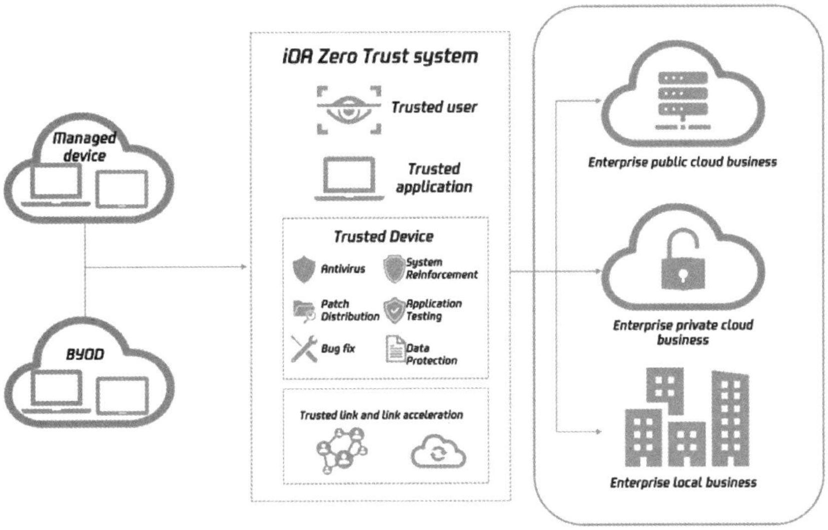

图 5-24　腾讯 iOA

四、零信任的价值：网络安全建设必备

1. 零信任是网络安全建设的必备条件

一方面，零信任作为一种全新的安全机制，秉承“永不信任，始终验证”的基本原则。网络边界内外的所有主体在被认证之前都是不可信的，必须在持续验证和动态访问信任授权的前提下实施访问控制。另一方面，零信任概念必须与企业网络安全规划相结合。零信任应在制定之初就纳入企业网络安全计划，并围绕零信任构建组件关系、工作流程和访问控制策略。

因此，零信任是现代网络安全机制和理念的创新，定义了全新的安全管理视角，是企业在数字经济发展新周期中突破安全防护瓶颈，进行前沿网络安全建设的必备之物。2021 年是中国“十四五规划”的开局之年，将是企业通过数字化转型与建立数字化转型相结合，以规划、建设、运营同步的融合机制，落实零信任理念和建立零信任安全系统的机遇之年。

2. 构建零信任安全架构的六大原则

传统的企业网络安全机制侧重于基于信任的边界保护。它们建立在逻辑隔离、网络访问控制等多种技术的基础上，采用一次性认证的静态策略。与它们相比，零信任默认为不信任，可以有效区分恶意请求和正常请求，提供更高的安全可信度和更强的动态防护能力。通过动态评估用户、设备和应用程序的身份、环境和行为，并根据最小权限原则授予访问权限，可为企业提供更准确有效的安全保护。零信任安全架构的构建应遵循以下六项原则，如图 5-25 所示。

(1) 不可信的主体。在被授予访问权限之前，任何主体(用户/设备/应用程序)都必须经过身份验证和授权，以避免过度信任。(2) 动态访问权限。主体的资源访

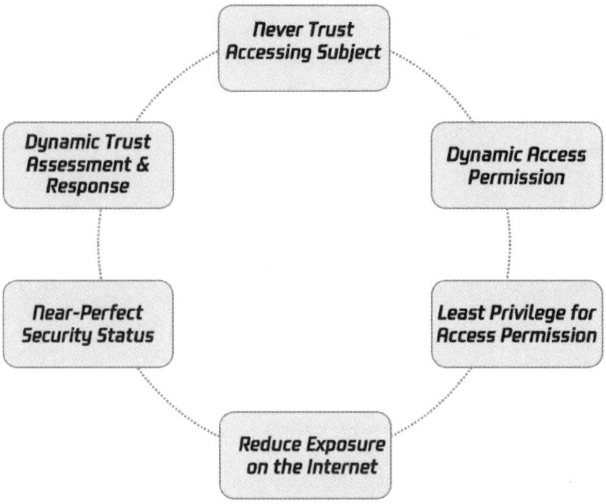

图 5-25　零信任安全架构六大原则

问权限是动态的而不是静态的。(3) 最小特权原则。授予访问权限时,应遵循最小权限原则。(4) 减少网络暴露。应尽量减少不必要的网络资源暴露,以缩小攻击面。(5) 最佳安全状态。应尽可能保证所有主体、资源和通信链路都处于最安全的状态。(6) 响应信息变化和信任评估。应尽可能多、及时地获取可能影响授权的信息。

五、腾讯关于零信任实践的探索

腾讯从 2016 年开始探索和研究零信任,并推出了 iOA,并在各个行业实施,包括政务、金融、医疗和交通。此外,在零信任架构下,提供基于 SDP 等技术能力的下一代安全连接云服务,以维持与公有云和私有云应用的连接。

(一) 腾讯零信任的 4A 愿景

腾讯零信任建设的使命是让员工在任何设备上使用任何应用,随时随地安全访问企业资源,完成任何工作。

第一个 A 是任何地方。无论员工在私有网络还是公共网络上,都可以通过零信任的 4T(可信身份、可信设备、可信应用、可信链路)原则安全地访问业务资源。

第二个 A 是任何应用程序。iOA 采用独特的应用许可名单模式,只有满足安全要求的进程才能发起内部访问请求。这可确保任何访问的应用程序都是安全的。

第三个 A 是任何设备。任何标准化后通过安全测试的设备都可以作为工作设备接入企业专网。iOA 记录用户和设备之间的关联,还支持基于身份的无客户端访问服务资源。

第四个 A 是任何工作。iOA 隐藏业务服务器,有效缩小攻击面。它支持对内部业务的安全访问，并执行统一的访问控制和审计。

（二）腾讯零信任改革的要求和目标

腾讯构建零信任体系的初衷，主要是为了满足自身 IT 建设过程中遇到的特殊安全需求，比如全球不同部门的员工在并购、投资、临时合作访问业务系统的需求。具体来说，主要有以下四个方面，如图 5-26 所示。

1. 技术要求

首先，腾讯作为一家互联网公司，需要为员工提供各种终端设备的流畅访问体验。其次，需要解决 SSH 访问时会话中断等远程 OPS 问题。第三，它的研发和 OA 系统原本在两个不同的网络上，因此员工不得不使用两台计算机，既不方便又昂贵。第四，需要让员工远程使用内部 OA、研发、OPS 系统。

2. 业务要求

首先，腾讯业务涉及领域多（如金融、社交、游戏、云计算），使用的工具不同，对工作安全的敏感度也不同。其次，员工对内部 OA、研发和 OPS 系统的远程工作访问请求可能会在极端天气、流行病和假期期间激增。第三，员工需要跨境收发邮件和登录 OA 系统。

3. 协作要求

腾讯内部办公场所众多，包括办公室、专用场地、专用外包站点，以及大量的合作厂商。它应该满足供应商协作、研发和 OPS 系统的需求。

4. 安全要求

腾讯专网长期面临黑客组织系统攻击的风险。如果私有网络上存在被入侵的节点，攻击者就会以它为跳板，在私有网络中快速横向移动，造成系统损坏和数据泄露的风险。因此，腾讯需要一套完整的解决方案来保护其关键服务器，并在通过零信任网关授予业务系统访问权限之前，不断验证身份、流程、设备等的安全状态。通过细粒度的访问控制，降低企业资产安全风险。

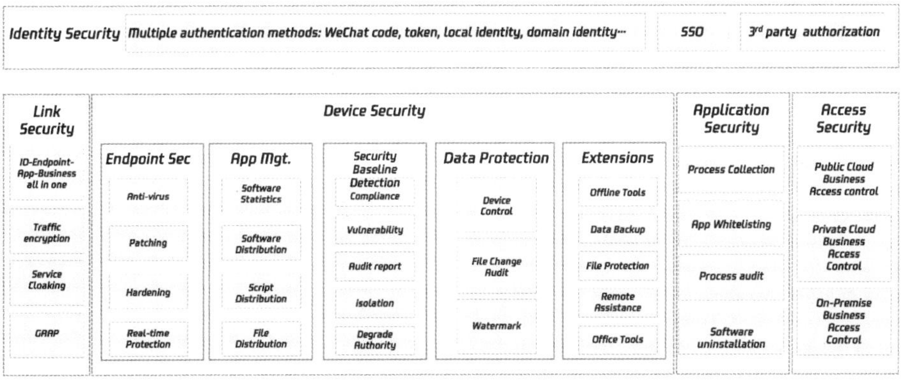

图 5-26　腾讯的零信任能力架构

(三) 腾讯在工作中的零信任实践

腾讯在工作中的零信任实践,从工作便利做起,引导员工使用安全服务。腾讯的零信任改革包括以下五个关键部分:(1) 架构改革。依托身份管理系统,赋予员工相应的访问权限,逐步将原有的内部开发网和办公网合二为一,实现零信任访问控制。员工现在可以使用同一台计算机快速访问各种资源,提高了工作的便利性,从而获得了员工和管理层的认可和支持。(2) 端点访问合规性。统一安装腾讯专有的零信任解决方案 iOA。其集成的端点安全功能可管理和控制客户端。除了安全访问功能,iOA 还具备防病毒补丁、安全管控、安全基线合规、系统加固、数据防泄漏等多层防护能力。最初是为腾讯 IT 部门的员工部署的,他们作为第一批试用用户,提供第一手反馈,并与研发团队一起对 iOA 进行技术优化和打磨,然后分批推动其在全公司范围内实施。(3) 增强身份验证。iOA 利用 IAM 的 MFA、二维码、硬件令牌和短信验证码特性,与内部 OA 和业务系统集成,实现 SSO。员工享受到 iOA 带来的便利,包括单点登录,随时随地办公,自发点赞 iOA,为其全面铺开奠定了良好的基础。(4) 自动协作响应。iOA 与内部安全运营中心对接,利用中心的分析能力,自动拦截恶意访问请求,降低安全风险。(5) 替代 VPN。随着国内员工全覆盖和疫情期间远程办公的大规模推广,iOA 与腾讯云全球部署接入点的加速特性相结合,不断提升全球工作场所的接入体验。最终,腾讯用 iOA 取代了之前部署的所有 VPN。腾讯 iOA 界面如图 5-27 所示。

图 5-27　腾讯 iOA 界面

六、腾讯零信任技术的突破与亮点

(一) 基于实践的解决方案和政策

目前,零信任的概念及相关腾讯解决方案正在行业内逐步铺开。此类解决方案主要具有以下特点：(1) 身份为中心。通过联动加密、业务服务器隐藏、权限验证、动态认证等方式实现安全的业务访问。(2) 腾讯提供保护端点/端点设备(PC、笔记本电脑、智能手机等)的安全解决方案。(3) 结合云服务，通过连接器实现更好的业务保护，在 SaaS 场景下具有更好的安全性和实施成本控制。(4) 支持 B/S(浏览器/服务器)和 C/S(客户端/服务器)模式的业务访问。

腾讯 iOA 零信任解决方案在业界现有解决方案的基础上，整合腾讯自身的安全和基础设施建设能力，将其进一步优化。一方面，实现一体化建设。将访问控制、端点安全等多种能力汇聚在一个统一的控制平面上，避免多客户端多服务器带来的问题。另一方面，与现有的解决方案要么侧重于业务安全要么侧重于端点安全，因此无法涵盖所有不同方面，它提供了全面的能力。如图 5-28 所示。综上所述，腾讯 iOA 有以下亮点。

1. 产品自由组合，提供统一的控制平面

iOA 满足客户从单一场景到复杂解决方案的转变需求。提供一体化零信任安全服务，可根据企业规划划分为不同模块，支持 IT 建设。而且，安全是腾讯的顶级专长和优势领域之一，可以不断提升 iOA 的安全防护能力。

2. 结合腾讯云的优势

iOA 可以提供基于腾讯云的联动加速能力，提供基于 SaaS 的零信任服务。

3. 根据客户需求补充管控功能

iOA 通过端点安全、身份安全、链路安全与零信任策略中心的联动，建立完整的基于零信任的工作体系，对业务访问的全过程进行持续的访问控制和安全检查，实现在任何网络环境中设备对企业资源的安全、稳定、高效访问。

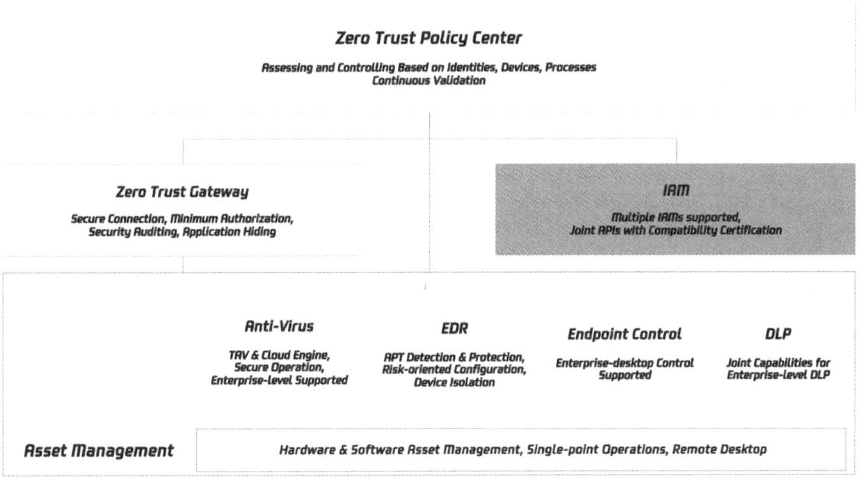

图 5-28　腾讯 iOA 零信任解决方案

(二) SaaS 服务实践的突破

得益于多年的技术积累和实践，腾讯基于 iOA SaaS 的零信任解决方案具备以下六个方面的核心能力。

1. 应用层的访问控制

iOA 持续验证基于进程、设备、用户、应用的细粒度访问权限,建立基于云的统一权限管理的零信任安全架构。与本地、个人云、混合云部署的企业 IDC 互联,更全面地保护企业资源。

2. 联动安全有保障

iOA 通过使用非持久连接实现端点设备和网关之间的加密通信,无需维护持久连接隧道。这将把设备、用户、应用程序和目标联合起来,使后端网络架构不可见,更好地保护网络安全。

3. 身份安全管理

iOA 可以与 WeCom、AD/LDAP、现有企业 IAM 和其他统一身份管理系统集成。通过身份信息的自动获取、身份设备绑定、同一平台不同设备的管理,可以绑定和验证身份,执行基于身份的安全策略,例如端点合规加固、接入联动、接入控制。

4. 端点设备安全

iOA 实现了端点标准化。通过端点合规加固、威胁防范、数据保护等安全策略,解决接入类型复杂、接入请求激增、设备环境复杂等带来的端点安全问题,提高端点设备的安全性。

5. 访问审计安全

iOA 将管理员的操作以及用户和设备对应用的访问请求详细地记录在可追溯日志中,确保访问审计的安全性。

6. 与 WeCom 的连接

iOA 使员工能够通过 WeCom 安全快速地访问内部应用程序。该模式简单(无需改变现有网络架构)、安全可靠(无需公网访问)、响应式全面可视化管控。

腾讯 iOA 已被腾讯 70 000 多名员工证明是高效的。在 2020 年 COVID-19 暴发期间,它有力地维持了整个网络中员工的工作。在满足信息交互、邮件收发、远程会议、流程审批、项目管理等基本工作需求的同时,还实现了对 OA 站点、内部系统、开发和 OPS 服务器、登录跳转服务器的无差别远程访问。除了腾讯,iOA 还为慧择、中国交通建设、招商局集团、宝安区人民政府、四川省人民医院等客户提供服务。

后疫情时代,数字经济极大地带动了全球经济社会发展,企业数字化转型步伐加快。尤其是随着 5G、物联网、人工智能、云计算等前沿技术的广泛应用,企业、业务、用户、终端呈现持续多元化趋势,企业信息系统升级迫在眉睫。这为零信任安全概念和架构的实现创造了极好的开发环境。在可预见的未来,零信任作为一种具有高度可扩展性的优质概念和技术,将进入蓬勃发展的时期,成为构建网络安全的新必备条件。

腾讯 iOA 基于零信任构建信任，源于自身多年的最佳实践，结合多因素身份认证，终端防护，动态访问控制，全面实现身份、终端、应用可信，重塑安全新边界，守护新时期的网络安全。如图 5-29 所示。

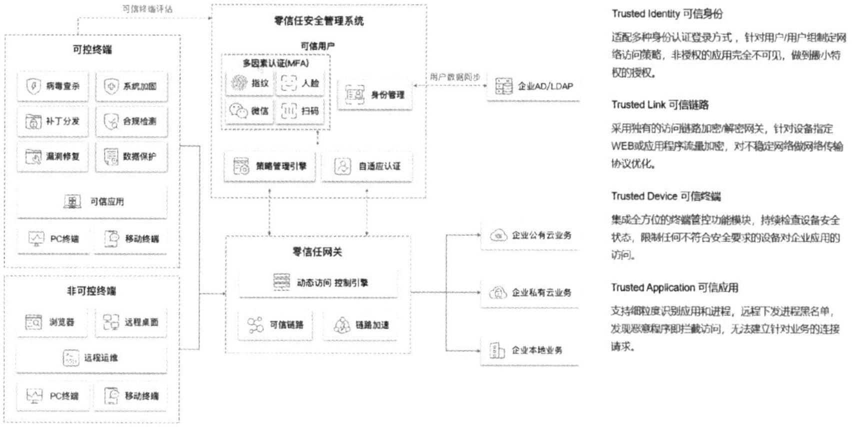

图 5-29　腾讯 iOA 零信任安全解决方案拓扑图

阿里云网站安全受攻击情况

2019—2020 年,阿里云安全团队监测到云上 DDoS 攻击发生近 100 万次,日均攻击 2 000 余次,与 2018 年整体持平,但 2020 年上半年相比 2019 年上半年有所下降。同时,应用层 DDoS(CC 攻击)成为常见的攻击类型,与 2018 年相比,攻击手法也更为多变复杂。阿里云为全球上百万客户提供了基础安全防御。本报告中将以多个维度对 2019 年全年发生的 DDoS 攻击进行全方位分析,希望能够为政府、企业客户及科研机构提供一定的参考价值。

(一) 攻击趋势

相比 2018 年 DDoS 攻击数量持平。经过分析发现,100 G 以上攻击呈现成倍增长,成为标准攻击流量,相比于 2018 年上升了 103%。500 G 攻击相比 2018 年增长了 50%,并出现持续 2 个月的近 Tb 级攻击。同时利用 Memcached 反射攻击相比 2018 年增长 40%,在 2019 年 1 月达到峰值,经过有关部门以及企业的联合治理,目前已经呈现明显下降趋势,下降至峰值的 20%。应用层 DDoS 的攻击同样猛烈,半数以上的攻击 QPS 超过 2 万,20%的攻击 QPS 超过 10 万,峰值突破数 100 万 QPS 的攻击事件也屡屡出现。

根据阿里云安全团队监测到的攻击数据分析,2019 年全年,100 Gbps 以上大流量攻击事件达到了 1.8 万余次,相比于 2018 年上升了 103%,与此同时,持续 2 个月最高攻击流量达 900 Gbps,单次流量超 100 G 呈现快速增长趋势,成为了标准攻击流量,如图 5-30 所示。应用层 DDoS 的攻击同样猛烈,半数以上的攻击 QPS 超过 2 万,20%的攻击 QPS 超过 10 万,最近半年每个月最高攻击 QPS 均超过 100 万。

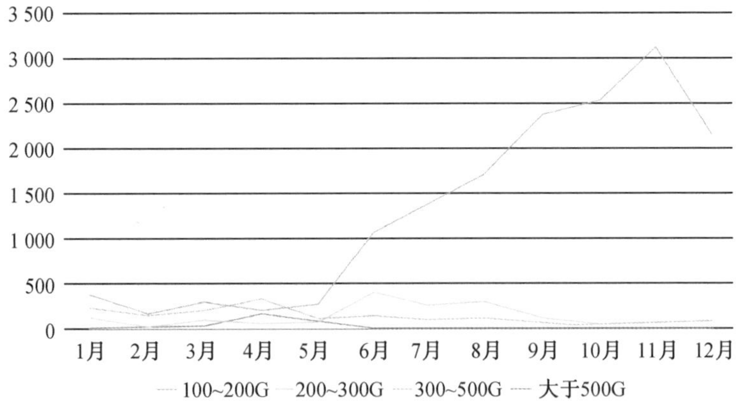

图 5-30　2019 年峰值流量大于 100 Gbps 事件分布

(二) 攻击行业分布

互联网服务及游戏行业，在 2019 年依旧为主要的攻击目标，二者遭受了 60% 以上的攻击，如图 5-31 所示。

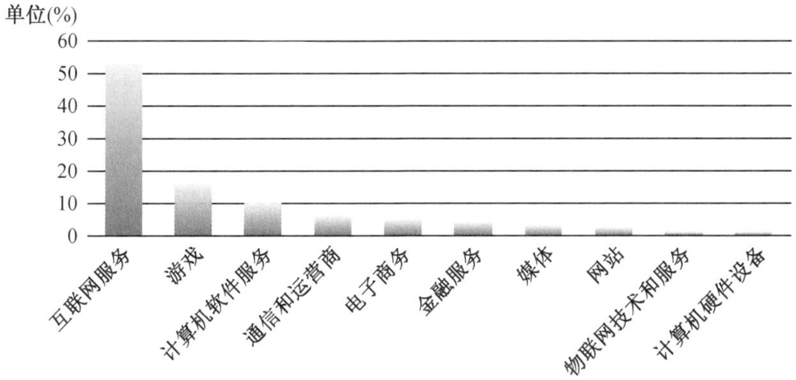

图 5-31 DDoS 事件行业分布

(三) 大流量攻击种类分布

当前检测到的大流量 DDoS 攻击类型中，分布最多的分别是 UDP Flood、SYN Flood 以及 Memcached、NTP 等反射攻击，如图 5-32 所示。

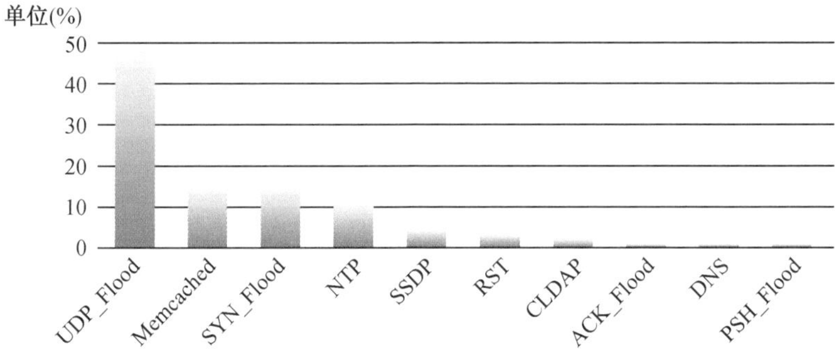

图 5-32 2019 年大流量 DDoS 攻击种类分布

(四) 应用层 DDoS 攻击手法及演变

应用层 DDoS 的攻击手法在 2019 年变化极大，且不同的攻击手法对防御能力要求均不相同。下面列举几个 2019 年常见攻击手法。

1. 被挂马设备植入攻击脚本调用系统浏览器发起攻击

此类攻击方式相对传统，设备被植入“木马”沦为“肉鸡”。但由于攻击脚本调用的是系统浏览器，往往可以简单粗暴地绕过一些简单的人机校验手段，这要求防御系统要更为智能地精准判断恶意流量,并直接做出阻断或采用更严格的校验手段,在压制攻击的同时避免对正常用户的打扰。

2. 热门网页嵌入攻击代码

大量用户在相近的时间浏览了一些不正规网站的热门网页,页面被攻击者事先嵌入了攻击代码。用户浏览网页的过程中,页面会不断请求目标网站的资源,对目标网站发起攻击。年初特别频繁的利用 HTML5 的 ping 特性发起的攻击就属于此类攻击方式。由于浏览网页的用户不断进入、离开,传统拉黑 IP 的方式无法完全压制攻击流量,要求持续的安全攻防研究,以及智能的防护手段。

3. 山寨 APP 植入攻击代码

大量用户在手机上安装了某些伪装成正常应用的恶意 APP,该 APP 在动态接收到攻击指令后便对目标网站发起攻击。此类攻击方式使得海量移动设备成为新的攻击源,黑灰产无需让单个源 IP 高频攻击,同时由于攻击源多为大型出口 IP,传统的防御方法简单粗暴地将攻击 IP 拉黑,这些 IP 背后的大量正常用户也将无法访问。此类攻击方式打破了“限速+黑名单就能一招制敌”的幻想,要求更为纵深、智能的防护手段。

4. 通过高匿代理发起攻击

该方式本身比较传统,但通过高匿代理发起的攻击,攻击调度快,成本较低,更易控制攻击节奏及攻击量。2019 年此类攻击手法发起的攻击,有明显的攻击量大、攻击复杂多变的特性,要求更为智能、体系化的防御系统。

第一章　报告概览与要点

《2020年中国互联网安全报告》由网宿科技与数世咨询联合发布。报告将从攻击量、攻击方式、攻击来源、行业分布等维度对各类攻击进行详细解读。

从全年数据看，2020年暴发的新冠肺炎疫情对网络攻击的走势产生了明显影响，相关数据变化趋势与疫情发展情况相吻合。

(一) 2020年DDoS攻击概览与趋势

2020年，网宿安全平台监测并拦截的DDoS攻击事件同比增长78.79%，但攻击规模有所下降，全年攻击走势与疫情发展态势较匹配。

• 零售和游戏行业依然是DDoS攻击重灾区，遭受的攻击事件数量与攻击峰值均位于前三。

• 由于疫情对网课模式的推动，在线教育行业迎来暴发式增长。这也招致黑产对其高度关注，在线教育行业成为遭受攻击峰值第三高的行业。

• 与物联网和智能设备相关的SSDP协议，成为攻击者发起DDoS反射放大攻击最常用的协议。

(二) 2020年Web应用攻击概览与趋势

2020年，网宿安全平台所监测并拦截的Web应用攻击数量暴增，达95.24亿次，是2019年的7.4倍。其中，上半年的攻击量是上一年同期的9倍。

• 从攻击手段上看，SQL注入和暴力破解依然为主要攻击手段，二者长期占据攻击手段的前两名。

• 不论从半年的数据还是全年数据来看，政府机构都是Web应用攻击的主要目标，安全形势严峻。

(三) 2020年恶意爬虫攻击概览与趋势

2020年，网宿安全平台共监测并拦截了358.54次爬虫攻击，平均每秒发生约1134起，攻击量是2019年攻击量的3倍。

• 从攻击源分布来看，恶意爬虫流量90%来自境内，来自海外的攻击同比减少，主要分布于韩国、英国、美国等国家。

• 境内恶意爬虫请求中，江苏、浙江、广东三省最多。

• 电子制造与软件信息服务是遭到最多恶意爬虫攻击的行业，紧随其后的分别是影视传媒资讯、电子商务、游戏行业。

(四) 2020年API攻击概览与趋势

2020年，网宿安全平台一共监测并拦截47.32亿次针对API业务的攻击，为

2019 年同期数据的 1.56 倍,增长明显。

• 恶意爬虫是 API 攻击中最主要的攻击方式,占攻击总量的 76.39%,与 2019 年的 77.85%基本持平;其次是非法请求、SQL 注入、暴力破解,其中 SQL 注入的占比相比 2019 年增长明显,而暴力破解有所下降。

• 过半的 API 攻击集中在政府机构和电子商务行业,占比分别为 32.79%和 21.16%。

(五) 2020 年企业主机安全概览与趋势

• 主机开放端口中,22 端口、3389 端口等管理端口是黑客最主要的攻击目标,从全年数据看,二者集中了 46%的攻击量。

• 高危漏洞攻击越来越趋向于利用简单漏洞,未授权访问、远程代码执行类漏洞的自动化程度、工具集成程度越来越高。

• 安全基线检测显示,企业用户总体的安全意识仍然薄弱,只有少数用户会对不合规项进行安全加固。

• 与 2019 年相比,2020 年来自境内的异常登录 IP 数量大幅上升,这与国际形势及国家收紧对境外 IP 的使用有关。

第二章　DDoS 攻击数据解读

(一) 全年 DDoS 攻击事件数量保持上升态势,攻击峰值整体回落

2020 年,网宿安全平台监测到的 DDoS 攻击事件数量相比往年保持了增长的态势,同比增长 78.79%,相比 2019 年的 25.76%,提升了约 53%,增速明显上升。如图 5-33 所示。

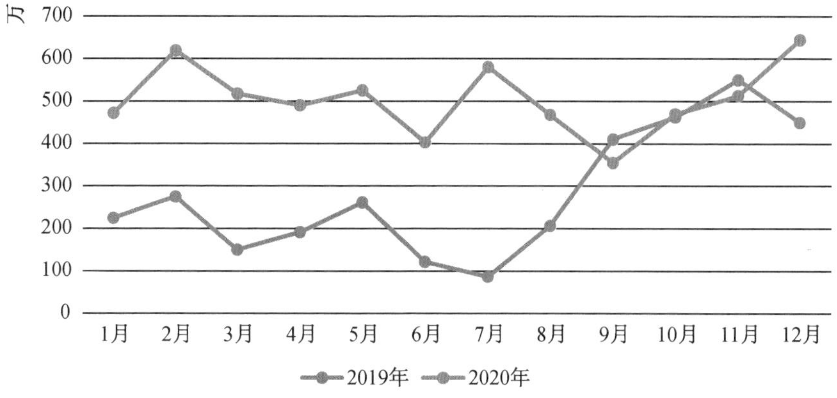

图 5-33　2019 与 2020 全年 DDoS 攻击事件数量趋势

2020 年全年 DDoS 攻击规模整体有所下降,各月份的攻击峰值均低于上年同期。如图 5-34 所示。

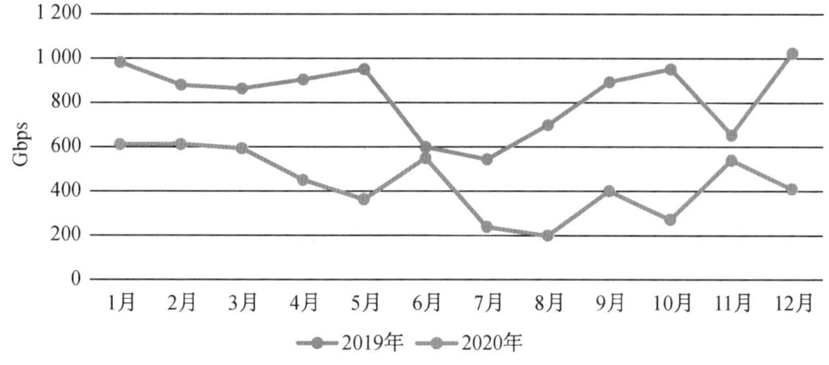

图 5-34　2019 与 2020 全年 DDoS 攻击峰值月份分布

2020 年 DDoS 攻击事件数量上升、攻击峰值却下降的原因有两个:一方面,受 2020 年上半年新冠肺炎疫情的暴发,下半年海外疫情的持续蔓延,全球企业工作生产受到影响,有些"肉鸡"没有上线,攻击者可利用的攻击源数量有所减少,导致打出的攻击流量下降;另一方面,2020 上半年,受新冠肺炎疫情影响,在线教育、远程

办公高速发展,大量资本涌入。许多公司的IT聚焦于满足业务快速增长的要求,网络安防建设没有及时跟上。同时,在线教育、远程办公这类业务本身的用户流量就已占用了大量带宽资源,较低强度的攻击便能将其打垮,因此,攻击者无需通过发起大流量攻击即可达成目的。

(二) 90%的DDoS攻击事件集中在视频娱乐、零售、游戏行业

统计DDoS攻击事件在各行业的分布,排行前三位的视频及娱乐(49.82%)、零售(22.50%)、游戏(17.67%),所承受的攻击量占比近90%。如图5-35所示。零售和游戏行业在往年也一直都是DDoS攻击的重灾区,而视频及娱乐则在2020年吸引了约半数的DDoS攻击,位居第一。受疫情影响,线下活动受限,网民的各种云娱乐方式需求凸显,视频及娱乐领域受冲击较小,甚至迎来利好发展机会。

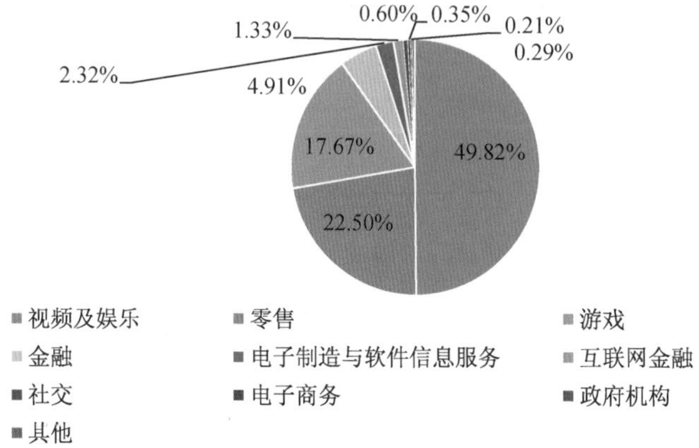

图5-35 2020年DDoS攻击事件行业分布

(三) 各行业DDoS攻击峰值受疫情影响明显

从各行业遭受的攻击峰值来看,零售、游戏、教育行业峰值均超过了500 Gbps,且均发生在上半年。

2020年,受疫情影响,在线教育行业迎来暴发式增长,针对教育行业的DDoS攻击也随之而来。虽然数量不多,但单次攻击事件的规模很大。可以预测的是,后疫情时代,在线教育模式还将继续流行普及,推动教育生态体系的变革,后期也将吸引更多的资本和服务提供商。利益驱使下,教育行业可能会出现越来越多的攻击事件。

(四) 黑客最常利用物联网设备发起DDoS放大反射攻击

在DDoS攻击方式中,反射放大攻击只需要非常少的带宽,就可以对攻击目标产生上百倍甚至数万倍的巨大流量。这种成本低、攻击力极强且难溯源的攻击方

式，极受黑客的青睐。从网宿安全平台的数据来看，反射放大攻击依然是常用的攻击方式之一，全年捕获到了大量的反射放大攻击请求。2020 年 DDoS 攻击峰值排名前 10 位的行业如图 5-36 所示。

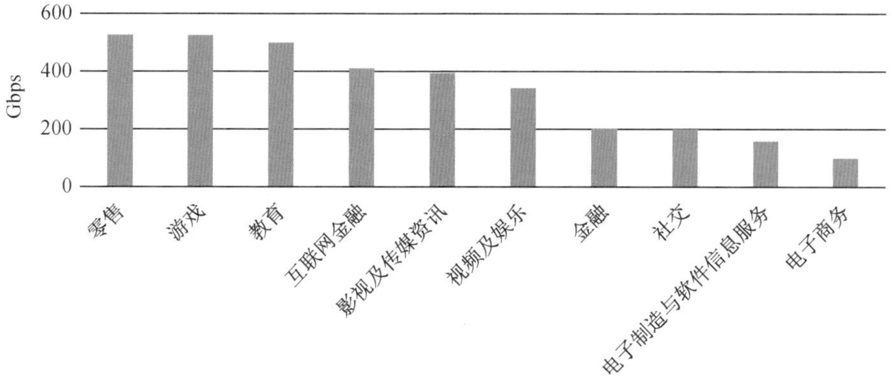

图 5-36　2020 年 DDoS 攻击峰值行业 TOP10

从网宿安全平台在 2020 年捕获到的反射放大攻击请求来看，SSDP 反射放大(47.07%)仍然占据着第一位。SSDP 协议主要用于感知家用路由器、网络摄像头、打印机、智能家电等物联网设备。可以预测，随着物联网和智能设备的快速发展和普及，利用智能设备展开 DDoS 反射放大攻击会越来越普遍。如图 5-37 所示。

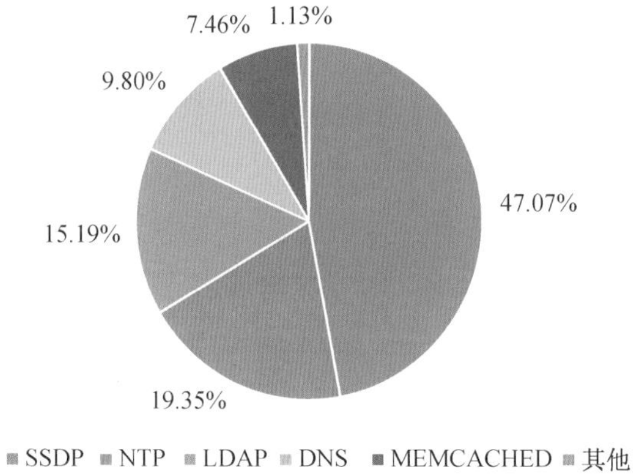

图 5-37　2020 年反射放大攻击协议分布

与上半年相比，涨势明显的是 LDAP 反射放大攻击(15.19%)，下半年的攻击次数环比上半年翻了近 30 倍。Memcached 反射放大攻击因其以万为单位的放大倍数，被攻击者使用的比例也在上升。

第三章　Web 应用攻击数据解读

(一) Web 应用攻击量暴增,达 2019 年的 7.4 倍

2020 全年网宿安全平台共监测并拦截 Web 应用攻击 95.24 亿次,为 2019 年的 7.4 倍,攻击量呈暴发式增长。其中上半年的攻击量甚至达到了 2019 年同期的 9 倍之多。如图 5-38 所示。

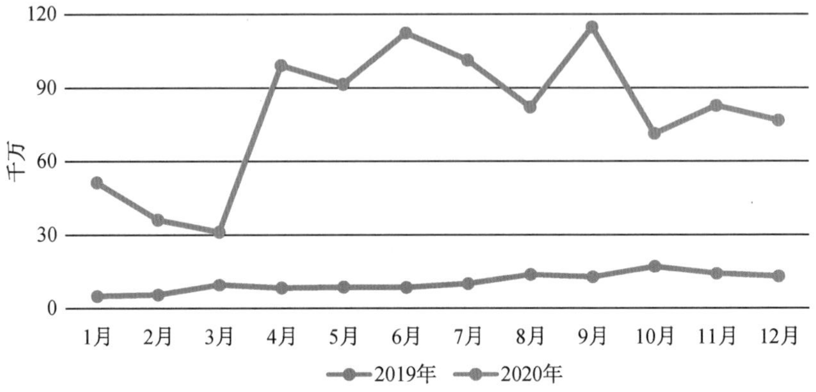

图 5-38　2019 年与 2020 年 Web 应用攻击次数趋势

分析全年 Web 应用攻击数量走势,不难看出,攻击量变化态势与社会生产生活的恢复出现一定吻合。2020 年 3 月疫情初步得到控制后,攻击量也骤然暴涨。

与 Web 攻击量暴发式增长相呼应,2020 年全球敏感数据泄露事件数量持续高频发生,且规模及造成的影响都有明显增长。随着各行业加速数字化转型,数据的价值在进一步凸显。可以预见的是,未来以敏感数据为目标的攻击将持续增长,必然会要求各行业不断加强相关业务系统的防护。

(二) SQL 注入、暴力破解连年进入 Web 攻击手段 TOP 3

根据网宿安全平台所构建的 Web 攻击防护体系,针对不同的攻击手段有不同的防护方式来进行应对,从中可反映出 Web 应用攻击手段的分布情况。

总体来说,Web 应用攻防手段分布相对较平均。SQL 注入(13.30%)和暴力破解(11.27%)在近几年的数据中始终位于 TOP 3 之内,是较高频的攻击方式。

网宿安全平台识别到,有超过 90%的 Web 攻击流量来源于自动化的扫描器。扫描器嗅探出 Web 网站存在的漏洞后,攻击者针对漏洞发起攻击。被扫描出存在大量漏洞的网站更容易成为攻击者的目标。

网宿安全平台通过攻击源的特征分析、行为模式识别、AI 模型检测、威胁情报等方式识别 Web 扫描器,继而以访问控制(19.65%)、动态 IP 黑名单(9.48%)等方

式直接过滤掉大量攻击，能够有效降低网站被针对性攻击的概率，同时降低自动化扫描器对网站的负载压力。如图 5-39 所示。

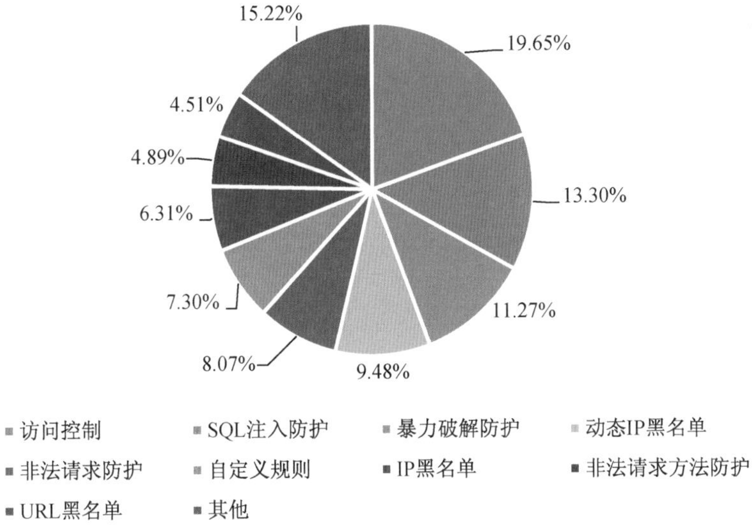

图 5-39　2020 年 Web 应用攻防手段分布情况

(三) Web 攻击源地理分布向境内集中

分析攻击 IP 的地理位置，2020 年全球攻击源主要集中在除港澳台以外的中国境内，占比高达 86.7%。对比 2019 年，源自中国境内的攻击占比刚刚过半。可见，攻击源向境内集中的趋势显著。

这一趋势变化与近年来国家对境外 IP 访问控制趋严有关。境外代理成本上升，黑产团队倾向于改用境外 IP 作为控制源，只需少量 IP，即可向境内大量攻击机器下发攻击指令，由境内机器发起直接攻击，在加大追踪难度的同时，降低成本。

进一步分析境内攻击源，前三名依旧由浙江、江苏、广东三省占据，分别占比为 10.75%、9.91%、8.71%。由于经济较为发达，这三个省份拥有更丰富的 IT 资源为攻击者所利用。如图 5-40 所示。

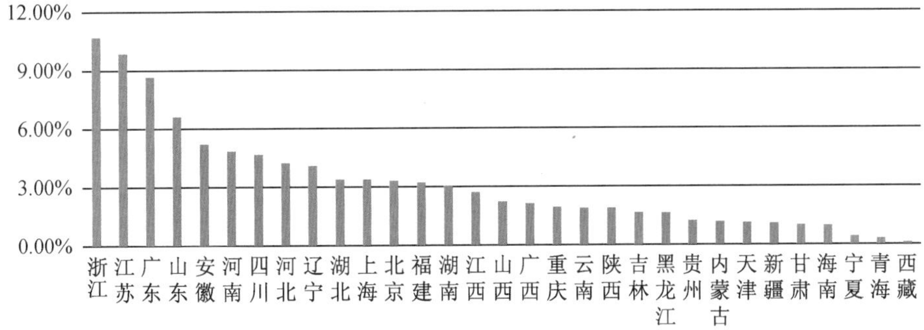

图 5-40　2020 年来自中国境内的 Web 应用攻击来源分布

统计海外攻击来源，印度、英国、日本位列前三，分别占比 35.86%、14.08%、13.26%。如图 5-41 所示。

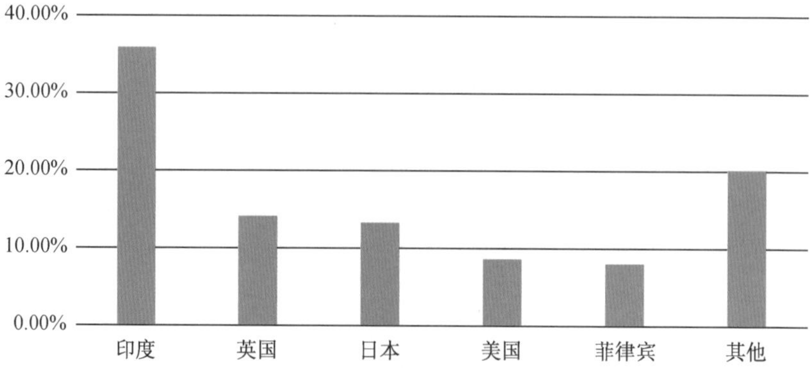

图 5-41　2020 年来自海外地区的 Web 应用攻击来源分布

(四) Web 应用攻击在各个行业普遍存在

统计 Web 攻击的行业，不难发现分布较为平均。排行第一的政府机构占比 16.36%，从排行第二的零售行业到第八的游戏行业，两两相差均只在 1%左右，显示出 Web 攻击已经渗透于各个行业的局面。如图 5-42 所示。

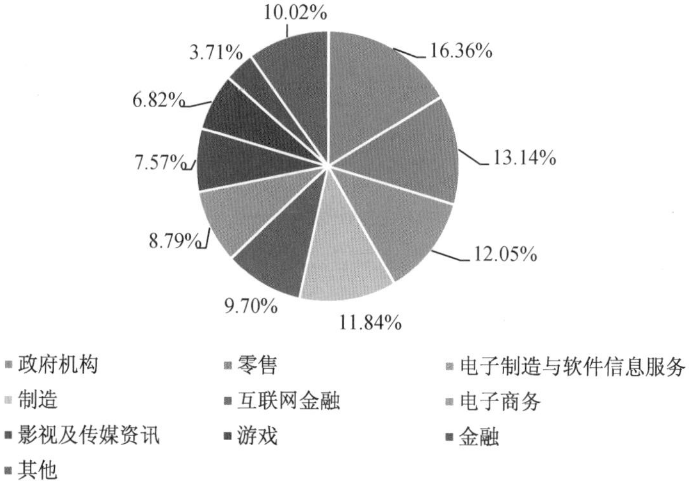

图 5-42　2020 年 Web 应用攻击行业分布

对比 2019 年的数据，政府机构的排行从第三升到了第一，结合 2020 年 Web 攻击数量是 2019 年的 7.4 倍，不难看出，政府机构所承受的攻击压力极大。随着政务上云，全面推进全国政务服务“一网通办”进入加速期，政务平台所保存的公民及企业的海量数据，受到黑客的垂涎。

第四章 恶意爬虫攻击数据解读

(一) 平均每秒发生约 1 134 次爬虫攻击

2020 年网宿安全平台共监测并拦截了 358.54 亿次爬虫攻击请求,平均每秒 1 133.81 次,是 2019 年的 3 倍,呈翻倍增长态势。如图 5-43 所示。

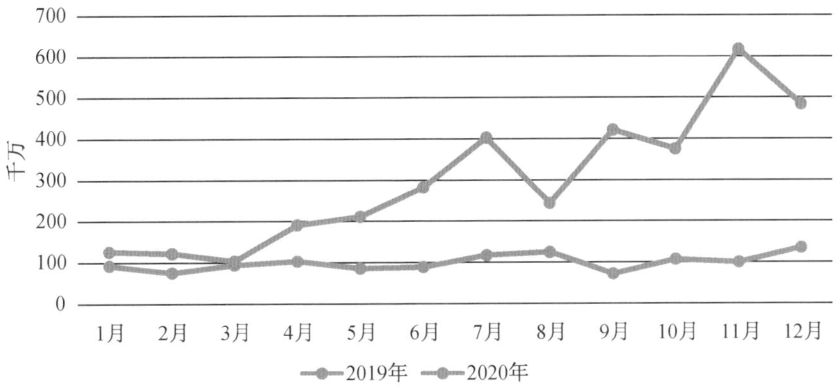

图 5-43 2019 年与 2020 年恶意爬虫攻击数量趋势

从 2020 年间走势来看,从 3 月份开始,恶意爬虫攻击一路飙升。这一转折的出现几乎与复产复工逐步推进同步。

(二) 来自海外的恶意爬虫攻击大幅下降

从网宿安全平台监测并拦截的源 IP 分布来看,2020 年全年的恶意爬虫攻击有超过九成来自于国内,来源于海外的攻击仅占 9.99%,相比 2019 年的占比 35.28%下降了超 25%。如图 5-44 所示。

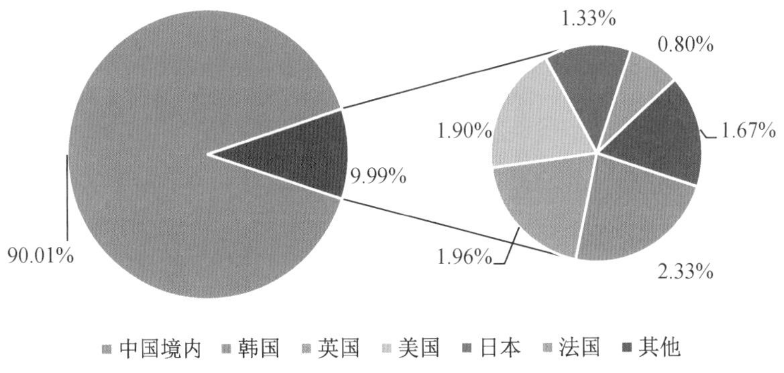

图 5-44 2020 年恶意爬虫攻击全球来源分布

海外爬虫数据大规模下降受新冠肺炎疫情、国际关系变化、信息管制更为严格等多种因素影响。受新冠肺炎疫情、国际关系、政策法规影响，代购、海淘等行业受到巨大冲击，许多商品流通周期变长，甚至无法过关，海外商家的数据分析需求降低，源于海外的爬虫攻击相应地减少。同时国家对代理软件的管制更为严格，海外代理速度下降，稳定性降低，随时面临被禁封的风险，爬虫使用海外代理的成本大幅度上升。成本高、速度慢导致国内的爬虫攻击者更多地更换为国内 IP 池。

从境内的数据来看，来自江苏省(9.92%)的爬虫攻击源 IP 超过了 700 万个，紧随其后的浙江(8.97%)、广东(7.15%)、山东(6.83%)三省的爬虫攻击源 IP 均超过了 500 万个。如图 5-45 所示。

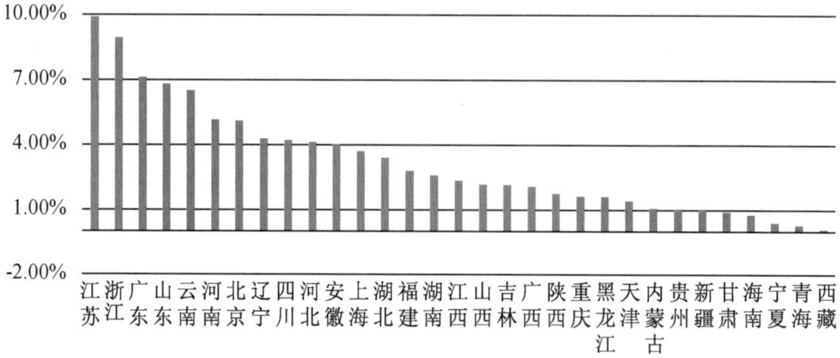

图 5-45　2020 年来自中国的恶意爬虫攻击来源分布

(三) 电子制造与软件信息服务业遭到最多爬虫攻击

从行业分布看，延续了 2020 上半年的情况，电子制造与软件信息服务行业继续占据第一的位置，成为全年恶意爬虫攻击最严重的行业(23.79%)。其次是影视及传媒资讯(13.26%)、电子商务(12.46%)、游戏(11.05%)、零售业(9.64%)、交通运输(8.98%)等，占比均在 10%左右。如图 5-46 所示。

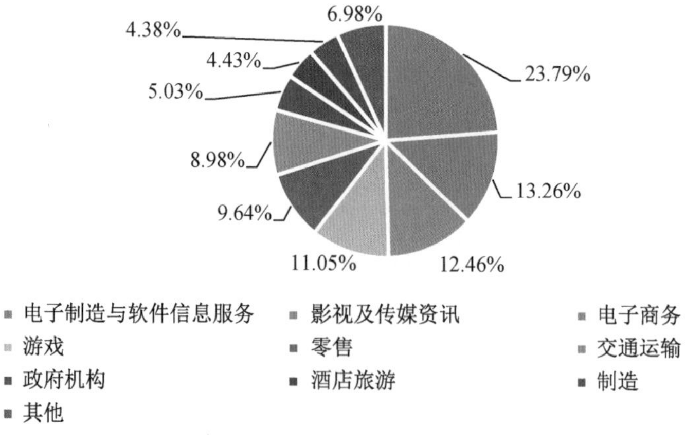

图 5-46　2020 年恶意爬虫攻击行业分布

爬虫攻击与经济利益密切相关，各行业的爬虫攻击强度与行业发展呈正相关关系，行业发展越蓬勃，相关爬虫攻击越频繁。同时，攻击强度也与目标行业公开信息数据的价值及其反爬能力有较大关系。

与往年相比，2020 年 1—4 月份交通运输行业爬虫数量下降明显。往年 1—4 月份是返乡、旅游出行、返工的高峰期，短时间内全国面临着几亿人次的人员流动，车票、机票极度紧张，抢票爬虫工具盛行。而 2020 年受疫情影响，各省市执行严格的交通管制与居家隔离措施，冻结了大部分的人员流动，旅游、出行等，交通运输相关行业业务断崖式下滑，相关爬虫也失去了攻击的意义。

但按全年数据，针对交通运输业的恶意爬虫攻击次数反倒是 2019 年的 2.16 倍，显示出在疫情得到控制、解除交通管制后，抢票类爬虫攻击迅速复苏，甚至呈现出加倍活跃的态势。

第五章　API 攻击数据解读

(一) 全年 API 攻击达 47 亿次,同比增长 56%

在互联网、大数据浪潮下,API 的应用已经十分广泛。开放式的 API 作为数据传输流转通道虽然为各类互联网产品的发展提供了便利,但也极容易被攻击。近年来,国内外曝出多起与 API 相关的数据安全事件,严重损害了相关企业、用户的合法权益。我国通信、金融、交通等多个行业已出台涉及 API 安全的相关规范性文件。

2020 年,网宿安全平台共监测并拦截 47.32 亿次针对 API 业务的攻击,同比增长 56.03%。攻击量的大幅增长显示了 API 业务面临的严峻安全形势。如图 5-47 所示。

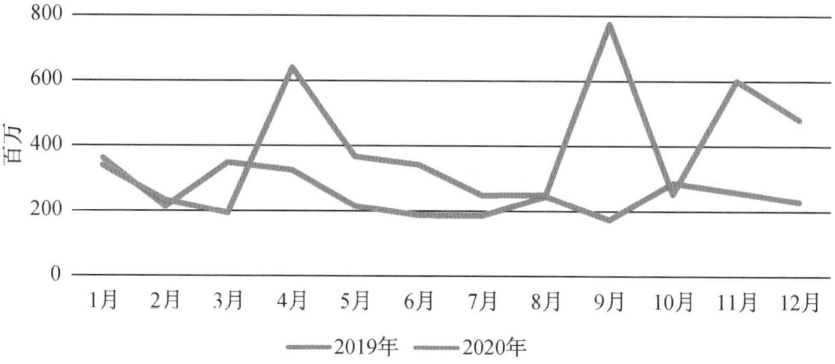

图 5-47　2019 年与 2020 年 API 业务攻击量趋势

如图所示,2020 年 3—4 月及 8—9 月、10—11 月 API 攻击一度飙升。其中,3—4 月的增长推测也与复工复产的展开有关。

(二) 恶意爬虫攻击超七成,蝉联最主要 API 攻击方式

在针对 API 业务发起的攻击中,恶意爬虫(76.39%)占压倒性的多数,蝉联首要攻击方式,并且占比数据与 2019 年基本持平。恶意爬虫能对企业开放的各类不受保护、有信息价值的 API 接口进行不断攻击,以达到破坏、牟利、盗取信息等目的。

位居第二、三位的是非法请求(8.36%)、SQL 注入(7.10%)。暴力破解的位次从 2019 年的第二下降到第四,占比也从 8.76%下降到 5.24%。如图 5-48 所示。

(三) 超五成攻击集中在政府机构和电子商务领域

2020 年,政府机构依然承受了最多的 API 攻击,占比达 32.79%。对政府机构的攻击主要集中在上半年:上半年数据中,其攻击占比甚至超过了 60%,达到了 60.94%。

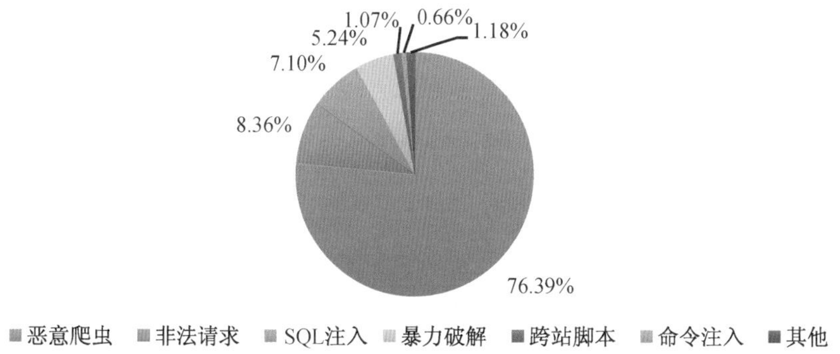

图 5-48 2020 年 API 攻击方式分布

电子商务(21.16%)排位上升至第二。其变化与疫情期间人们的的生活方式相匹配。特别是在 2020 上半年,政府机构与电子商务聚集了超过 85%的 API 攻击,这与抗疫期间政府信息发布与在线购物在人们生产生活中起到了重要作用密不可分。

2019 年以近 30%的占比位居第二的交通运输业,因疫情原因,在 2020 年数据显著下降,仅占 3.38%,排行第七。如图 5-49 所示。

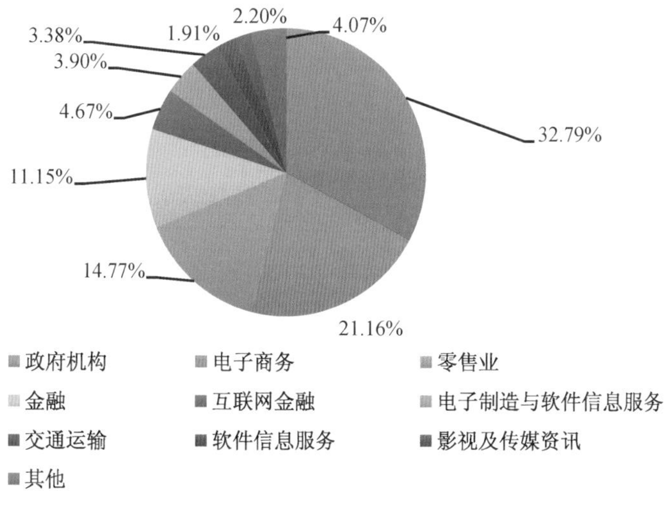

图 5-49 2020 年 API 攻击行业分布

第六章　主机安全数据解读

(一) 超 90%企业主机使用 Linux 系统

Windows 和 Linux 是当前企业主机使用的主流系统。网宿安全平台监测到,使用 Linux 系统的企业主机占 91.95%,使用 Windows 系统的占 8.05%。与 2019 年相比,Linux 占比进一步上升。如图 5-50 所示。

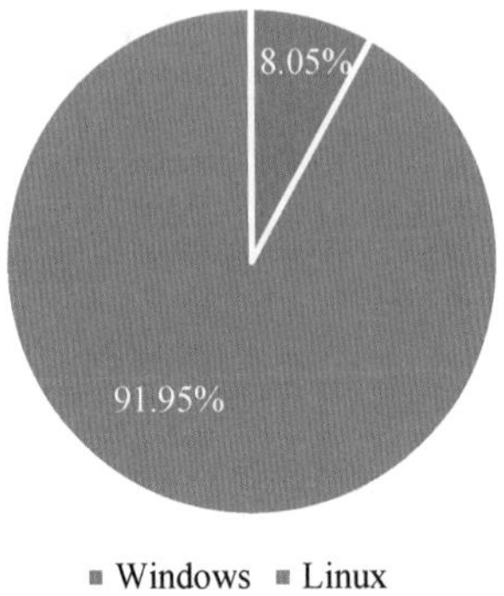

图 5-50　2020 年企业服务器系统分布

Linux 系统具有更好的兼容性与稳定性、更低的资源消耗,因而更适合大批量自动化管理。

(二) 已有 40%的企业主机使用容器技术

网宿安全平台监测出,40.27%的企业主机有安装容器相关软件。容器作为一种虚拟化技术,可以让应用程序的部署和运行无视服务器是否已部署该应用程序所需的操作系统和依赖环境,大大提高部署发布效率。容器技术使用率近几年在国内快速上升,但与国外容器使用率相比,仍较大的上升空间。如图 5-51 所示。

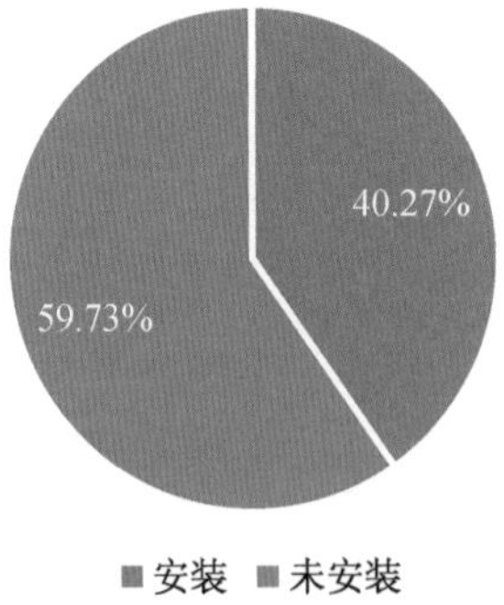

图 5-51　2020 年企业主机容器安装情况

（三）管理端口集中了近五成攻击

基于网宿主机探针采集到的端口攻击数据分析，针对22、161、1433、3389端口的攻击数量最多，这些端口的主要攻击方式均为暴力破解。由于暴力破解攻击简单，自动化程度高，并且一般需要大量的尝试才能攻击成功，所以在攻击数量上遥遥领先。如图5-52所示。

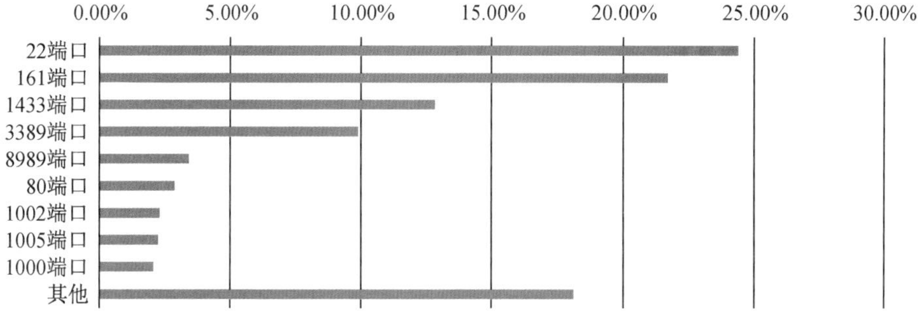

图5-52　2020年主机开放端口受攻击次数占比分布

按被攻击端口类型划分，管理端口被攻击的次数最多，占46.00%。其次是数据库端口（14.29%）、Web端口（3.02%）、高危漏洞组件端口（1.61%）。攻击方式越简单，自动化程度越高，并且直接获取权限越大的端口越受黑客青睐。如图5-53所示。

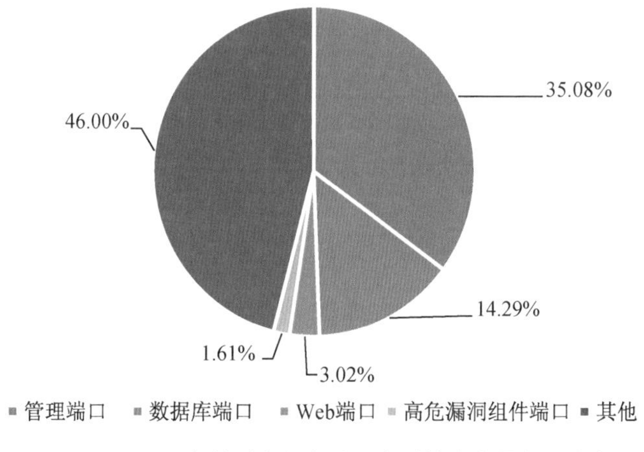

图5-53　2020年针对主机各端口类型的攻击量占比分布

（四）高危漏洞攻击趋向于利用简单漏洞

根据网宿主机探针采集的流行应用、组件漏洞数据，结合入侵溯源分析发现，应用层组件高危漏洞已成为主机入侵的重要途径。与操作系统漏洞相比，应用层组件更多地暴露在互联网上，能够直接被远程攻击，并且存在比操作系统更多的远程执行漏洞。与 Web 业务应用漏洞相比,组件漏洞的通用性更强、使用面更广泛,攻击者无需针对 Web 业务应用进行漏洞挖掘,组件漏洞结合自动化工具,更容易组成自动化“肉鸡”控制、自动化挖矿等黑产工具链。

高危漏洞攻击越来越往利用简单漏洞方向增长,未授权访问、远程代码执行类漏洞的自动化程度、工具集成程度越来越高。2020 年网宿主机安全平台捕获的排名前十高危漏洞如表 5-1 所示。

表 5-1 2020 年网宿主机安全平台捕获的高危漏洞 TOP 10

No. 1	Fastjson 远程代码执行漏洞
No. 2	Elasticsearch 未授权访问漏洞
No. 3	JMX 远程命令执行漏洞
No. 4	Apache Struts2 远程代码执行漏洞(S2-059/CVE-2019-0230)
No. 5	Spark 远程代码执行漏洞(CVE-2020-9480)
No. 6	Druid 远程代码执行漏洞
No. 7	Docker Remote API 未授权访问漏洞
No. 8	Apache Flink Web Dashboard 远程代码执行漏洞
No. 9	Apache Tomcat AJP 协议文件读取与包含漏洞(CVE-2020-1938)
No. 10	Apache Tomcat 远程代码执行漏洞(CVE-2017-12615)

(五)企业用户的安全加固意识仍然薄弱

基于风险程度,网宿安全平台对主机安全基线的核心配置项进行抽样检测分析后发现,用户几乎没有修改操作系统默认的安全配置,合规项与不合规项的分布几乎与操作系统默认配置相同。对于操作系统默认设置的不安全配置,如 root 账号是否允许远程登录、SSH 是否使用默认登录端口等,只有少数用户进行了安全加固。如图 5-54 所示。

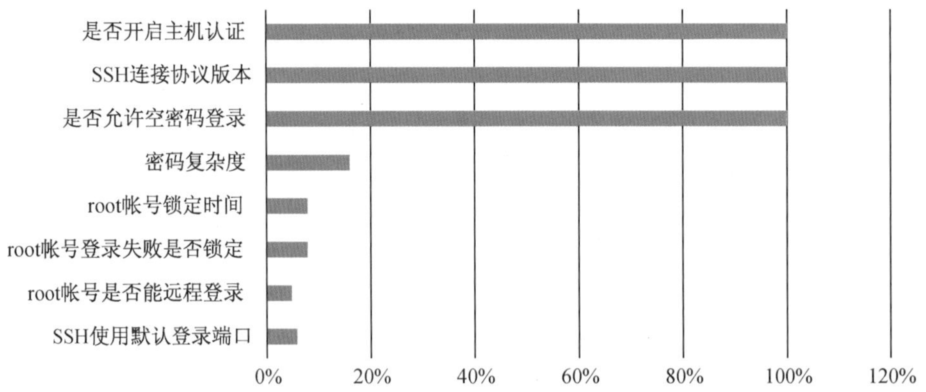

图 5-54 2020 年主机安全基线检测部分核心配置项合规率

当前安全加固的需求主要来源于网络安全等级保护的安全加固规定，而非来源于真正内化的安全意识。大部分管理员依然为了便利而放弃一定的安全性。同时资产管理困难也是一个重要的原因，许多主机并没有在安全人员的管理范围内，一些无主的主机、测试主机通常被作为入侵的入口。

（六）来自境内的异常登录 IP 数量跃升至第一

与 2019 年相比，异常登录告警 IP 中境内登录 IP 比例大幅度上升。随着国际形势与国家政策的变化，境外代理的成本原来越高。并且近几年使用境外 IP 作为跳板机已不被允许，这些因素导致境内攻击 IP 的占比趋势明显上升。如图 5-55 所示。

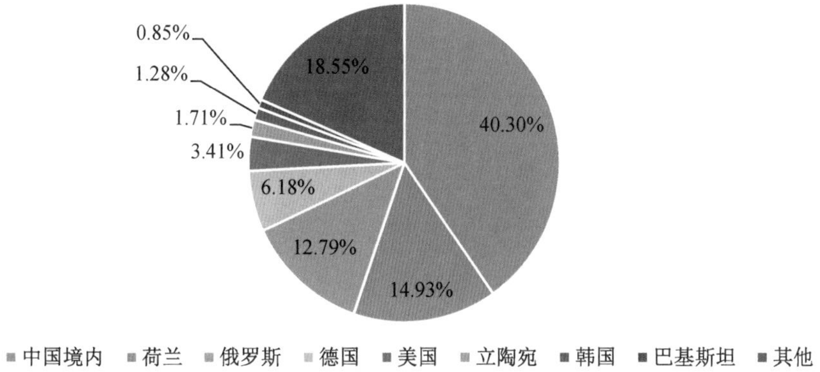

图 5-55　2020 年异常登录 IP 来源分布

（七）修改定时任务是最常用的主机入侵持久化手段

持久化几乎是主机入侵必备的辅助手段。黑客入侵后通常会通过修改定时任务（80.04%）、开机启动（27.62%）等手段保障恶意进程的持久运行，并通过植入后门账号（51.42%）、植入后门进程（37.70%）等方式维持控制权限。许多入侵会留下多个后门通道——后门账号、进程、密钥同时实施。普遍存在的持久化入侵行为隐蔽性强，这要求企业提高排查分析能力，才能避免黑客通过后门再次入侵。如图 5-56 所示。

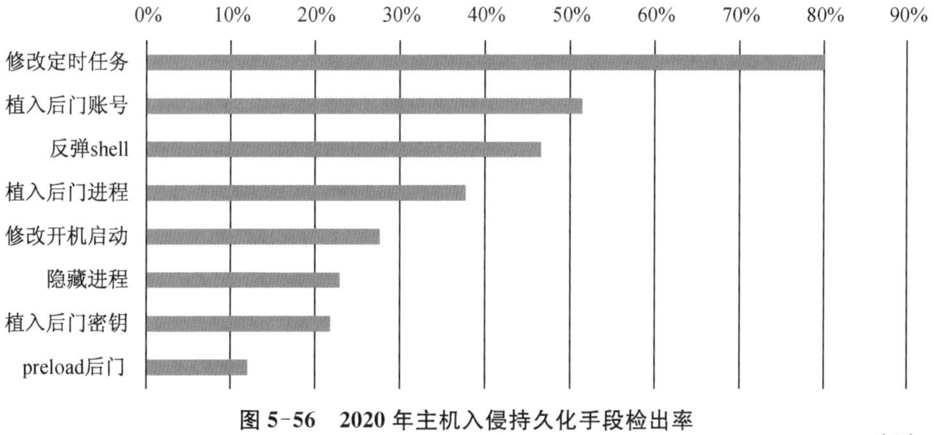

图 5-56　2020 年主机入侵持久化手段检出率

第七章　趋势展望及建议

世上唯一的不变,是变化本身,网络安全行业更是如此。网络威胁与攻击始终在不断变化,各个阶段体现出新的特征。因此,规划与运营线上业务时,需要充分考虑到各类潜在网络安全威胁所带来的安全隐患。

基于报告内容和网宿安全平台的运营情况,我们认为,未来网络安全态势有以下发展趋势。

一、云安全综合解决方案成为企业的刚需

从网宿科技的平台数据以及业界发生的攻击事件来看,当前的攻击方式逐渐出现融合式的趋势,企业面临的威胁不会是单一的 DDoS 攻击或者 Web 应用攻击,而通常是综合类的攻击手段,通过多种攻击方式,达到使被攻击对象服务下线或者窃取敏感数据等目的。

同时,随着云原生架构的发展,越来越多的企业采用云原生的服务来构建业务,以提升自身业务的敏捷性。云原生大量依赖容器、微服务、API 等技术,在为企业业务带来便利的同时,也引入了一些新的风险,比如容器环境带来的镜像安全风险、API 被滥用及攻击等风险,都容易为企业自身业务引入脆弱性风险。

面对这样的攻击趋势和业务发展趋势,企业的需求也从单一的抗 D、WAF 等需求逐渐发展为综合性的云安全解决方案,这样更便于企业对云安全产品和服务的使用及运行维护,比如企业能够在一体化的 Portal 系统中完成各类安全事件的综合的报表内容查看以及配置调整和下发等,能够大大提升对安全事件的响应速度以及效率,进一步降低攻击所带来的影响。

Gartner 近年提出 WAAP(Web 应用程序和 API 保护)方案,也是整合了 DDoS 防护、Web 应用攻击防护、爬虫管理、API 防护等各类功能的综合性解决方案。从中我们也可以看到,Gartner 也认为企业需要的是一个综合性的解决方案,这一趋势与网宿平台所看到的情况是一致的。

网宿科技的安全加速解决方案,在为企业提供 DDoS 防护、Web 应用防护、恶意爬虫防护等云安全服务的同时,还可以提供全网加速功能。不论是否在攻击情况下,都可以最大限度地为企业的业务提供可用性保证。同时,HIDS 产品能够在主机和容器侧为企业提供脆弱性检测、攻击告警等功能,与云端的安全能够形成更完整的防护体系。

二、SASE 成为明显的趋势,且逐渐落地

2020 年,受新冠肺炎疫情影响,远程办公的需求在全球范围内井喷式发展。经此大考,对企业而言,远程办公不再是可上可不上的“Plan B”,而是成为了必选项,

这在客观上极大推动了远程协作办公模式在全球的“常态化”。

除疫情催化因素外，新的企业协作模式，如异地团队协作、外部合作伙伴协作，也在加速远程办公的应用与普及。然而，对于大部分企业来说，以 VPN 为代表的传统远程办公工具在解决企业员工办公需求的同时，却暴露出大量效率和安全问题。

VPN 网关在公网暴露端口，很容易成为攻击目标，被攻击者使用 DDoS 等方式变为不可用，同时，近年来不断地有厂商的 VPN 系统被曝存在漏洞，也对此类系统的使用和运行维护带来了非常大的风险。另外，VPN 网关由于部署位置比较固定，用户在远程访问时由于跨网等导致的访问质量问题也会大大影响用户体验和办公效率，很多企业不得不为 VPN 系统寻找额外的加速系统以提升其可用性。越来越多的企业意识到，他们需要一个更加安全、更加高效的综合解决方案来保证自身业务的顺利进行。

Gartner 此前提出的 SASE——安全访问服务边缘，正是应对这一场景需求的理想模型。SASE 集中了 SD-WAN、零信任、安全网关等各类网络及安全方案于一体，能够为远程访问、移动办公等场景提供可靠、安全的连接，从而保障不同场景下员工能够正常访问公司的办公资源且保证整个内网的安全。当前，越来越多的安全厂商尝试推出类似方案，来实现 SASE 的落地，未来这一领域将大有可为。

网宿科技作为全球第二大的 CDN 厂商，在 SASE 方案领域有着天然的优势。当前，基于已有的 SD-WAN 产品和资源，网宿科技推出了基于零信任理念的 SecureLink 产品，在保证企业的分支访问、远程办公等场景的需求之外，通过在端侧和边缘节点构建身份管理、访问管理、IPS、DLP 等功能，为企业提供安全高效的远程访问解决方案。